Werkstattbücher

Für Betriebsfachleute
Konstrukteure und Studenten

Herausgeber:
H. Determann W. Malmberg H. Rattay

42

H. Mauri

Vorrichtungsbau III

Wirtschaftliche Herstellung
und Ausnutzung der Vorrichtungen

Sechste neubearbeitete und erweiterte Auflage
(33. bis 38. Tausend)

Springer-Verlag
Berlin Heidelberg New York 1971

ISBN-13: 978-3-540-05399-6

e-ISBN: 978-3-642-88681-2

DOI: 10.1007/978-3-642-88681-2

Vorwort

Dieses nunmehr in 6. Auflage vorliegende Heft 42 bildet den III. Teil der im Rahmen der „Werkstattbücher" erschienenen Reihe über „Vorrichtungsbau". Heft 33 (I. Teil, 9. Aufl. 1969) enthält „Einteilung, Aufgaben und Elemente der Vorrichtungen", Heft 35 (II. Teil, 7. Aufl. 1968) „Typische allgemein verwendbare Vorrichtungen (Konstruktive Grundsätze, Beispiele, Fehler)". Ferner wird demnächst ein IV. Teil (Heft 108) erscheinen, der als Ergänzung „Vollständige Bearbeitungsbeispiele mit Vorrichtungen und Sonderwerkzeugen" bringen soll. Heft 51, DEURING, H.: Spannen im Maschinenbau (Werkzeuge und Verfahren zum Aufspannen der Werkstücke auf den Maschinen) (2. Aufl. 1953), und Heft 122, FERLING, W. PH.: Hydraulische Werkstückspanner (1961), ergänzen diese Reihe.

Auf dem im vorliegenden Heft behandelten Gebiet der Fertigungstechnik und des Vorrichtungsbaues waren im letzten Jahrzehnt solche Fortschritte zu verzeichnen, daß schon die letzte Auflage völlig neu bearbeitet werden mußte. Der Verfasser konnte sich deshalb bei der Bearbeitung dieser Auflage im wesentlichen darauf beschränken, nur die der letzten Entwicklung in der Fertigungstechnik und dem neuesten Stand der Normen Rechnung tragenden Ergänzungen und Änderungen vorzunehmen.

Da der Vorrichtungsbau trotz der sich immer weiter ausdehnenden Verwendung von programmgesteuerten Werkzeugmaschinen und ganz besonders von Koordinatenbohrwerken, die manche Vorrichtung entbehrlich machen, im Zeitalter der Automation immer noch von großer Bedeutung ist, möge auch diese Auflage wieder dem Fachmann manche Hinweise und Anregungen geben, für Werkstatt, Arbeitsvorbereitung und Vorrichtungskonstruktion Ratgeber und ganz besonders dem Studierenden Leitfaden sein.

I. Herstellung der Vorrichtungen

Die planmäßige Vorbereitung der wirtschaftlichen Vielfertigung irgendeines Erzeugnisses erfordert zunächst die Bereitstellung eines Kapitals, dessen Höhe sich nach den Absatzmöglichkeiten und Gewinnaussichten richtet. In den meisten Fällen wird es jedoch, entweder mit voller Berechtigung oder auch aus mangelndem Weitblick, so knapp bemessen, daß die größten Anstrengungen gemacht werden müssen, um durch Sparsamkeit an richtiger Stelle trotzdem das Ziel zu erreichen: eine Verbilligung der Fertigung in dem der Gewinnberechnung zugrunde liegenden Maß. Grundsätzlich muß daher der Vorrichtungsbau selbst wirtschaftlich arbeiten, sowohl beim Aufzeichnen, als auch beim Herstellen der Vorrichtungen. Wohl sind das Selbstverständlichkeiten, denn die Abteilung, deren alleinige Aufgabe es ist, die Fertigung durch Bereitstellung zeitsparender Vorrichtungen zu verbilligen und damit zugleich eine Austauschbarkeit der Werkstücke zu erreichen, müßte selbst in diesem Sinne mit gutem Beispiele vorangehen. In manchen Betrieben arbeiten Werkzeugmacherei und Vorrichtungsbau aber auch heutzutage noch nach den ursprünglichen Verfahren und wenden daher für die Herstellung von Vorrichtungen ein Vielfaches von dem auf, was nach dem heutigen Stand der Herstellungstechnik erforderlich wäre. Solange der Vorrichtungsbau in solchen Betrieben nicht nach neuzeitlichen Gesichtspunkten eingerichtet wird, bleiben alle Bemühungen, wirtschaftlich zu arbeiten, mehr oder weniger erfolglos.

A. Konstruieren und Aufzeichnen

Wie aus zahlreichen veröffentlichten Vorrichtungsbeispielen hervorgeht, wird nicht immer besonders zweckmäßig, dafür aber sehr häufig so vielgestaltig konstruiert, daß man ganz deutlich das Bestreben erkennen kann, die Vorrichtungen äußerlich recht gefällig zu gestalten. Darin liegt bereits eine Ursache für ihre Verteuerung. Im Heft 35 „Vorrichtungsbau II" ist das schon an einigen Beispielen und Gegenbeispielen erläutert worden. Auch Fälle aus der Praxis lehren, daß manche Vorrichtungen allein durch Verschulden des Konstruktionsbüros bereits so teuer werden, daß an eine Abschreibung im geplanten Fertigungsprogramm vorläufig nicht zu denken ist. Billig konstruieren im Hinblick auf die Herstellung muß ein fester Grundsatz des Büros sein. Er ist im wesentlichen, soweit es überhaupt möglich ist, bereits im Heft 35 behandelt worden. Ein weiterer fester Grundsatz muß es sein, die Vorrichtungen billig und trotzdem so sachgemäß aufzuzeichnen, daß sie in der Werkstatt einwandfrei hergestellt werden können. Im nachfolgenden werden dafür einige Anhaltspunkte gegeben.

1. Zweck und Werkstückzahl als Ausgangspunkt für die Konstruktion. Hierfür sind die im Arbeitsplan aufgestellten Arbeitsvorschriften und die Stückzahl richtunggebend. Ist die zu bearbeitende Stückzahl gering und eine Vorrichtung nur erforderlich, um schwierige Werkstücke überhaupt herstellen zu können oder die verlangte Güte bzw. Austauschbarkeit zu erreichen, so ist die Vorrichtung so einfach wie nur möglich auszuführen, weil sonst die Verminderung der Arbeitszeit um nur einige Minuten durch etwaige schwierig auszuführende Spannelemente viel zu teuer erkauft wird. Die Vorrichtung soll nicht Selbstzweck, sondern Mittel zum Zweck sein, und ihr Aufwand darf auf keinen Fall den zu erwartenden Nutzen übersteigen. Große Stückzahlen verlangen dagegen rasches und sicheres Spannen und Ausrichten, wobei häufig der Einsatz hydraulisch, pneumatisch oder elektrisch gesteuerter Spannmittel vorteilhaft sein kann. Dabei müssen möglichst einheitliche und grundsätzliche Formen angestrebt werden. Vorrichtungen, die nach bestimmten Richtlinien konstruiert sind, erleichtern nicht nur die Arbeit, sondern auch die Arbeitszeitermittlung, weil sich damit Richtwerte für das Einlegen, Spannen, Arbeiten und Messen entwickeln lassen. Die Werkstatt kann sich mit den in gleicher Form wiederkehrenden Vorrichtungen besser einarbeiten. Außer einer Herabsetzung der Arbeitszeiten wird damit zugleich auch eine sachgemäße Behandlung erreicht.

2. Richtige Darstellung. Ebenso wie jede andere Werkzeichnung muß auch die Vorrichtungszeichnung eindeutig und übersichtlich ausgeführt sein. Wenn man vielfach immer noch wieder mangelhaft ausgeführte Vorrichtungszeichnungen antrifft, so liegt es meistens daran, daß man das Aufzeichnen der Vorrichtungen als ein nun einmal notwendiges Übel und gänzlich unberechtigt als eine unproduktive Arbeit bewertet. Infolge dieser Auffassung werden häufig mangelhaft ausgebildete Kräfte mit diesen Aufgaben betraut, die eigentlich den fähigsten und findigsten Köpfen vorbehalten sein sollten. Diese Einstellung rächt sich immer bei der Ausführung in der Werkstatt. Erstens sind dauernde Rückfragen und Fehlarbeiten bei der Fertigung der Vorrichtungen die Folge, und zweitens kann es infolge falsch ausgeführter Vorrichtungen in der Reihenfertigung zu erheblichem Werkstückausschuß kommen.

Zur besseren Übersicht und um allen Beteiligten die Einführung in die Arbeitsweise der Vorrichtungen zu erleichtern, muß grundsätzlich das zu bearbeitende Werkstück in einer von der Vorrichtungszeichnung abweichenden Strichstärke bzw. strichpunktiert oder farbig mit eingezeichnet werden. Die Darstellung soll vorschriftsmäßig sein, denn die vielfach verbreitete Unsitte, zunächst an irgendeiner Stelle der Zeichnung den Aufriß und wahllos darum herum Grundriß, Seitenriß und Schnittbilder zu zeichnen, um dann durch Hinweise und richtunggebende Pfeile sich die aus dem Aufbau der Zeichnung ergebende Folgerung in das Gegenteil zu verkehren, führt leicht zu spiegelbildlichen Ausführungen. Wie überall in der Technik muß es besonders auch im Vorrichtungsbau zwingende Pflicht sein, sich bei der Ausführung der Zeichnungen nach den DIN-Bestimmungen zu richten. Durch die hiermit gewährleistete Einheitlichkeit und die klarere Übersicht der Werkstattzeichnungen wird den Betrieben die Arbeit bedeutend erleichtert. In Tab. 1 sind diese Zeichnungsnormen zusammengestellt.

Tabelle 1. *Normen für technische Zeichnungen*[1] *nach Normblatt-Verzeichnis 1970*

	DIN			DIN	
Axonometrische Projektionen	5		Maßeintragüng in Zeichnungen; Regeln .		Bl. 2
Darstellungen in Zeichnungen; Ansichten, Schnitte, besondere Darstellungen	6		Zeichnungen, Blattgrößen, Maßstäbe ...	823	
Linien in Zeichnungen; Linienarten, Linienbreiten, Anwendung	15	Bl. 1	Zeichnungen, Faltung auf A 4 für Ordner	824	
Linien in Zeichnungen; Linienarten, Linienbreiten, Anwendungsbeispiele ..		Bl. 2	Vornorm Oberflächenzeichen in Zeichnungen; Zuordnung der Rauhtiefen ..	3141	
Darstellung von Gewinden, Schrauben und Muttern	27		Kennzeichnung von Oberflächen in Zeichnungen durch Rauhheitsmaße ..	3142	
Darstellung und Sinnbilder für Federn .	29		Verzahnungen; Angaben für Stirnräder in Zeichnungen	3966	
Kleindarstellungen, Vereinfachungen ...	30		Zeichnungen, Vordrucke, Zeichnungsschriftfeld ohne Stückliste; Feldeinteilung (Planquadrate), Stückliste, Erläuterungen	6771	Bl. 1
Urheberschutzvermerk	34		Zeichnungen, Vordrucke, Stückliste, Erläuterungen		Bl. 2
Darstellung und vereinfachte Darstellung für Zahnräder und Räderpaarung	37		Entwurf – Gehärtete Teile; Darstellung und Angaben in Zeichnungen	6773	
Oberflächen, Beschaffenheit	140	Bl. 1	Technische Zeichnungen; Ausführungsrichtlinien	6774	
Oberflächen, Oberflächenzeichen		Bl. 2	Vordrucke für Zeichnungen	6781	
Oberflächen, Wertangaben		Bl. 3	Schriftfelder für Zeichnungen und Stücklisten	6782	
Oberflächen, zeichnerische Eintragung der Oberflächenzeichen		Bl. 4	Stücklisten, Form und Größe	6783	
Oberflächen, Kennzeichnungsbeispiele ..		Bl. 5	Zeichnungssystematik;Fertigungsgerechter Zeichnungs- und Stücklistensatz, Begriffe, Richtlinien für den Aufbau .	6789	
Oberflächen, Kennzeichnungsbeispiele ..		Bl. 6			
Technische Zeichnungen; Benennungen .	199				
Zeichnungen; Schraffuren und Farben zur Kennzeichnung von Werkstoffen ..	201				
Maßeintragung in Zeichnungen; Arten der Maßeintragung	406	Bl. 1			

[1] Die Normblätter sind bei der Beuth-Vertrieb GmbH, 1 Berlin 30, Burggrafenstraße 4–7 oder 5 Köln, Kamekestraße 2–8, zu beziehen.

3. Richtige Vermaßung. Die Vorrichtungszeichnungen werden im allgemeinen ebenso vermaßt wie alle anderen Werkstattzeichnungen. Die Maße sind stets an der Stelle der Zeichnung einzutragen, wo der Werkstattmann sie sucht, und in der Weise, wie er sie ohne Rechnen, also ohne sie addieren oder subtrahieren zu müssen, auf das Werkstück übertragen kann. Die Maße sollten möglichst auch nicht von unbearbeitet bleibenden Kanten oder Flächen ausgehend eingetragen werden. Das gilt besonders für Lochabstände, die in jedem Fall von den Mittellinien ausgehend vermaßt werden sollten[1]. Ferner muß jede Mehrfacheintragung von Maßen unterlassen werden, da die Eintragung eines gleichen Maßes, z. B. etwa im Querschnitt und im Grundriß sowie vielleicht überdies auch noch in einer Seitenansicht, die Zeichnung unübersichtlich macht und die Fehlermöglichkeiten vergrößert.

Eine Abweichung von der allgemein üblichen Maßeintragung ergibt sich für Vorrichtungszeichnungen nur für die Vermaßung von Lochabständen und Lochteilungen an Bohrschablonen und Bohrspannvorrichtungen, falls diese auf Koordinatenbohrwerken oder -maschinen (Lehrenbohrmaschinen) (Bilder 40 und 49) gebohrt werden sollen. In diesem Fall ist es zweckmäßiger, eine Koordinaten- bzw. Polarkoordinatenvermaßung (Bilder 1 und 2) vorzunehmen, weil die Maschineneinstellungen zum Bohren der Löcher auf derartigen Maschinen wegen der größeren Genauigkeit immer von zwei Anlagekanten oder einem Ausgangspunkt aus vorgenommen werden. Bei der üblichen Maßeintragung müßten die eingetragenen Lochabstände sonst addiert werden.

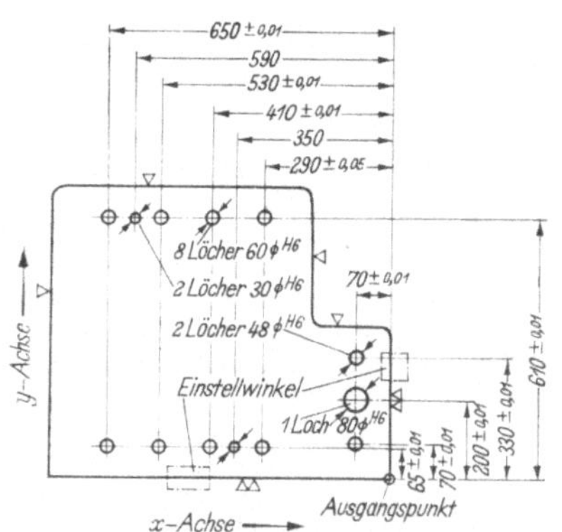

Bild 1. Maßangaben zum Bohren auf dem Koordinatentisch (Koordinatenplan)

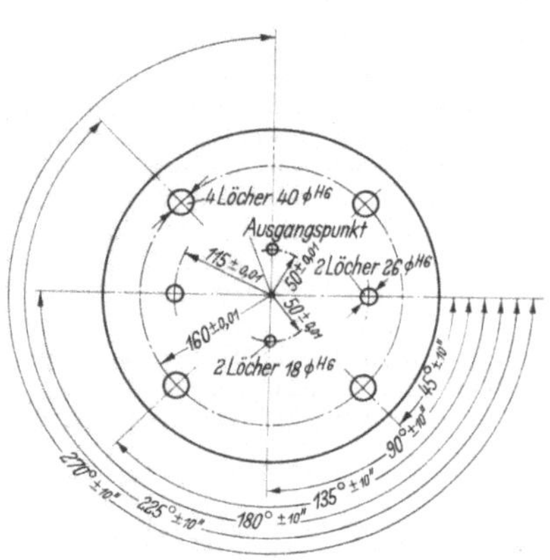

Bild 2. Maßangaben zum Bohren auf dem Kreisteiltisch (Polarkoordinaten)

Bilder 1 u. 2. Maßangaben zum Bohren auf der Lehrenbohrmaschine

4. Genauigkeits- und Passungsangaben. Man muß bedenken, daß die Vorrichtungen immer etwas ungenauer arbeiten, als sie hergestellt sind. So ist es selbstverständlich, daß ihre Abweichungen nicht so groß sein dürfen wie diejenigen, die für die in Frage kommenden Werkstücke zugelassen sind. Daher müssen die Vorrichtungen vielfach so genau hergestellt werden, daß die Abweichungen gerade noch mit den feinsten werkstattmäßigen Meßgeräten meßbar sind. Aber nicht immer, und vor allem nicht an Vorrichtungen für die Vorbearbeitung von Werkstücken, ist die Einhaltung einer solchen Genauigkeit erforderlich. Da aber mit steigender Genauigkeit die Herstellungskosten gewaltig anwachsen, müssen die Grenzen des jeweiligen Genauigkeitsverlangens bei der *Vermaßung* mit zum Aus-

---

[1] Siehe Werkstattbücher Heft 3, MAURI, H: Das Anreißen in Maschinenbau-Werkstätten, 4. Aufl. 1964.

druck gebracht werden. Heute werden fast durchweg die Grenzen der einzuhaltenden Genauigkeit nach dem ISA-Passungssystem festgelegt. Dieses hat einen so weiten Rahmen, daß damit jeder Genauigkeitsgrad angegeben werden kann. Soweit hierfür die Lehren vorhanden sind, genügt es, den Maßen die entsprechende Passungsangabe hinzuzufügen, z.B. 100^{H7}, weil dann ohne weiteres nach der so bezeichneten Lehre gearbeitet werden kann[1]. Lehren sind aber für gewöhnlich nur für einen bestimmten Passungsbereich und auch nur bis zu einer gewissen Größe vorrätig.

Ist nun für ein mit einer bestimmten Passung festgelegtes Maß keine Lehre vorhanden, so ist es zweckmäßiger, dem betreffenden Maß nicht die Passungsangabe, sondern die entsprechenden Abmaße der gewählten Passung hinzuzufügen, z.B. 250^{+90}_{0} für 250^{H8}, weil dann nach verstellbaren Lehren oder Endmaßen gearbeitet werden muß und vom Bearbeitenden sowie vom Prüfenden nicht immer erst die entsprechende Passungstabelle herangezogen zu werden braucht. Auch für Lochteilungen können die dem jeweiligen Genauigkeitsgrad entsprechenden Passungsangaben bzw. Abmaße eingetragen werden; denn bei der Prüfung dieser Maße kann man unter Zuhilfenahme von Paßzapfen die Abstände mit festen oder verstellbaren Lehren bzw. Endmaßen messen. Dagegen kann man Parallelitäten, zulässige Rundlauffehler und zulässigen kegeligen Verlauf zylindrischer Zapfen nicht allein durch Maßzahlen ausdrücken. Man kann aber an den betreffenden Stellen der Zeichnung durch besondere Hinweise oder Sinnbilder darauf hindeuten. Folgendes Beispiel möge das erläutern: Der Zentrierzapfen einer Vorrichtung kann zwar mit der Passung 200^{e9}, d.h. mit den Abmaßen $^{-0,100}_{-0,215}$ ausgeführt werden, er darf aber aus bestimmten Gründen nicht um die volle Toleranz von 0,115 mm kegelig sein. In diesem Fall kann z.B. folgende Bemerkung darauf hinweisen: „Innerhalb des Toleranzbereichs keine größere Abweichung als 0,04 mm an beliebiger Stelle des gleichen Maßbereiches."

Tabelle 2. *DIN-Blätter für ISO-Toleranzen nach Normblattverzeichnis 1970*

	DIN
ISO-Toleranzen und ISO-Passungen für Längenmaße von 1 bis 500 mm; Einführung	7150 Bl. 1
ISO-Grundtoleranzen für Längenmaße von 1 bis 500 mm Nennmaß	Bl. 2
Passungsauswahl; Toleranzfelder, Abmaße, Paßtoleranzen	7157
Zulässige Abweichungen für Maße ohne Toleranzangabe	7168

5. Bearbeitungsangaben und wichtige Hinweise. Durch Bearbeitungsangaben, die den Bedürfnissen der Praxis entsprechen, und besondere Hinweise auf wichtige Erfordernisse in den Vorrichtungszeichnungen wird der Werkstatt die Arbeit erleichtert. Für die Bearbeitungsangaben sind die üblichen nach DIN 140 Bl. 1 bis 6 genormten Zeichen zu setzen. Selbstverständlich müssen auch die Werkstoffe näher bezeichnet sein. Es genügt nicht, den Werkstoff nur seiner Gattung nach zu bestimmen. So ist z.B. die häufig gebrauchte Bezeichnung „Werkzeugstahl" ein sehr weitläufiger Begriff, der alle Stahlsorten vom unlegierten Gußstahl bis zum Schnellarbeitsstahl umfaßt. Vielmehr sollten zwecks eindeutiger Bestimmung die in den DIN-Normen festgelegten Werkstoffkurzzeichen für die zu verwendenden Werkstoffe angegeben werden (s. Tab. 5). Darüber hinaus sind Angaben über eine etwaige Wärmebehandlung zu machen. In der Regel genügt dabei schon ein kurzer Hinweis, wie „Normalglühen", „Spannungsfrei glühen", „Vergüten", „Härten", „Im Einsatz härten", „Brennhärten", „Induktiv härten", „Hart verchromen" oder „Nitrieren", weil dem Härtereifachmann die Behandlungsvorschriften bekannt sind. Doch kann es in besonderen Fällen zweckmäßig oder sogar notwendig sein, auch noch die Glüh-, Vergütungs-, Einsatz-, Härte- oder Anlaßtemperatur in °C sowie die geforderten Einsatz- bzw. Abschreckmittel mit anzugeben. Stets ist dem jeweiligen Hinweis auf Vergüten oder Härten auch noch die zu erzielende Festigkeit in kp/mm² bzw. Härte in Brinell-, Vickers- oder Rockwell-Einheiten hinzufügen[2]. Ferner sind

---

[1] Siehe DIN-Normblätter für ISO-Toleranzen in Tab. 2.

[2] Angaben über die Legierungsbestandteile, Festigkeitseigenschaften, Wärmebehandlungsvorschriften und Anwendungsgebiete sämtlicher Bau-, Werkzeug- und Schnellstähle siehe im „Stahlschlüssel", Verlag Stahlschlüssel WEGST KG, 7142 Marbach, Wilhelm-Kopf-Straße 30.

die auf den Vorrichtungen anzubringenden Hinweise für den Gebrauch sowie die Erkennungsmarken auf der Zeichnung zu vermerken.

Die im Beispiel Bild 3 gezeigte Kennzeichnung der in die einzelnen Löcher einzuziehenden Bohrbuchsen auf der Vorrichtungszeichnung ist nachahmenswert. Gehärtete Meßplättchen zum Einstellen der Werkzeuge werden in der Regel zur Schonung der Werkzeuge etwas unter Einstellmaß gehalten. Dieses Untermaß ist auf den Meßplättchen zu vermerken.

6. Die Wahl des geeigneten Werkstoffes ist von ausschlaggebender Bedeutung für das gute Funktionieren der Vorrichtung und bedarf besonders für die Bedienteile, Werkstückaufnahmen, Werkzeugführungen, Sonderschneidwerkzeuge u. dgl. sehr sorgfältiger Prüfung. Die Vorrichtungskörper selbst und sogar auch solche für schwere und massive Vorrichtungen werden heutzutage kaum noch gegossen. In der Regel sollte auch für letztere die allgemein übliche aus Blechen, Rohren, Profileisen und Abfallstücken zusammengeschweißte Ausführung vorgezogen werden, weil hierbei Modell- und Einformkosten gespart werden. Nur wenn an bestimmten Stellen von großen Vorrichtungskörpern schwierig geformte und übermäßig große Materialverdickungen vorkommen, kann es zweckmäßig sein, hierfür Stahlgußteile vorzusehen, die an den betreffenden Stellen in die Vorrichtungen

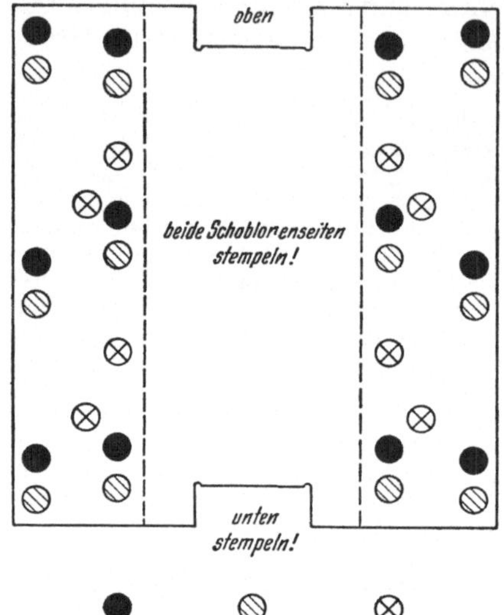

Bild 3. Kennzeichnung der verschiedenen Bohrbuchsen auf der Zeichnung.
(Möglichst auch Kennzeichnung durch Buchstaben auf der Bohrlehre)

einzuschweißen sind. Je nach den Anforderungen in bezug auf Gewicht, Festigkeit und Verschleißwiderstand kommen sonst noch die verschiedensten Werkstoffe in Frage.

Geringes Gewicht ist besonders für größere Bohrschablonen anzustreben, weil diese in der Regel mit jedem Werkstück wieder auf die Werkzeugmaschine genommen und von Hand bewegt werden müssen. Für den plattenförmigen Lehrenkörper wählt man daher als Werkstoff Leichtmetall, wenn es sich um größere Abmessungen handelt. Ganz besonders gut für Bohrlehrenkörper, besonders solche mit großen Abmessungen, eignen sich die Kunststoffe wegen ihres geringen Gewichtes. Weiter sind diese Werkstoffe, die zu diesem Zweck in Platten mit glatter Oberfläche geliefert werden, sehr vorteilhaft, weil eine Oberflächenbearbeitung nicht mehr erforderlich ist. Auch sitzen die Bohrbüchsen in dem Werkstoff sehr fest. Allgemein kommen in Frage: Hartpapier, wie z. B. Preßzell, Hartgewebe, wie z. B. Novotex, in manchen Fällen Kunstharzpreßstoff. Die Festigkeit ist etwa gleich der des Gußeisens, das Gewicht beträgt aber nur $1/5$ davon. Die Werte sind in den DIN-Blättern Tab. 3 festgelegt; Richtwerte für die Bearbeitung sind in Tab. 4 wiedergegeben.

Kunststoffe, die für Vorrichtungen verwendet werden, wie z. B. Schichtpreßstoffe, Hartgewebe und Hartpapier, sind mit ihrem spezifischen Gewicht von 1,6 bis 2 verhältnismäßig leicht, und ihre Wärmeausdehnung unterscheidet sich kaum von der des Stahles. Auch sind sie durchweg sehr widerstandsfähig gegen Seifenwasser und sonstige Schmiermittel.

Tab. 5 gibt einen Überblick über die für die einzelnen Vorrichtungselemente zweckmäßig zu verwendenden Werkstoffe. Die für die einzelnen Werkstoffe angegebenen DIN-Kurzzeichen sind zur besseren Übersicht beim Aufsuchen in den entsprechenden Werkstofftabellen in Tab. 6 den Werkstoff- und den DIN-Tabellen-Nummern gegenübergestellt[1].

Tabelle 3. *Normen für Kunststoffe nach Normblattverzeichnis 1970*

	DIN		DIN
Kunststoffe; Überwachungszeichen für typische Formmassen und daraus hergestellte Formteile	7702	Hartpapier, Hartgewebe; Flachleisten ..	40611
Kunststoff-Formmassetypen; Begriffe, Allgemeines	7708 Bl. 1	Schichtpreßstoff-Erzeugnisse; Rund-Vollstäbe aus Hartpapier oder Hartgewebe	40624
Kunststoff-Formmassetypen; Phenoplast-Preßmassen	Bl. 2	Schichtpreßstoff-Erzeugnisse; Vierkant-Vollstäbe aus Hartpapier oder Hartgewebe	40625
Kunststoff-Formmassetypen; Aminoplast-Preßmassen, Aminoplast/Phenoplast-Preßmassen	Bl. 3	Schichtpreßstoff-Erzeugnisse; Sechskant-Vollstäbe aus Hartpapier oder Hartgewebe	40626
Kunststoff-Formmassetypen; Kaltpreßmassen	Bl. 4	Schichtpreßstoff-Erzeugnisse; Flach-Vollstäbe aus Hartpapier oder Hartgewebe	40627
Kunststoff-Formmassetypen; Eigenschaften von Norm-Probekörpern aus Phenoplast und Aminoplast-Preßmassen	Bl. 4 Beibl.	Kunststoffe, Formtechnik oder Formmassen, Fertigungsverfahren und Fertigungsmittel	16700
Weichmacher; Kurzzeichen	7723	Kunststoff-Formmassetypen; Polyesterharz-Preßmassen	16911
Kunststoffe; Kurzzeichen	7728	Kunststoff-Formmassen; Epoxidharz-Preßmassen	16912
Genormte Begriffe des Kunststoffgebietes, Übersicht	7732	Kunststoff-Formmassetypen; Vorzugsfarben für Preßteile aus härtbaren Preßmassen	16919
Schichtpreßstoff-Erzeugnisse; Vulkanfiber, Typen	7737	Entwurf – Rundstäbe aus Polyamiden	16980
Entwurf – Vulkanfiber; Tafeln, Bahnen, Streifen, Bänder, Rohre	40604	Entwurf – Vierkantstäbe aus Polyamiden; Maße...................	16981
Schichtpreßstoff-Erzeugnisse aus Hartpapier; Tafeln, Streifen	40605		
Hartgewebe; Tafeln, Streifen	40606		

Tabelle 4. *Richtwerte für die Bearbeitung von Kunststoffen*

Werkzeug			Novotex	Preßzell
Kreissäge		Schnittgeschw. m/s	50···60	50···60
		Zahnteilung	3···4 je Zoll	6···8 je Zoll
Bandsäge		Schnittgeschw. m/s	30···40	∼ 30
		Zahnteilung	4···6 je Zoll	4···6 je Zoll
Bohren	Schnellstahlbohrer	Schnittgeschw. m/min	40···50	40···70
	Hartmetallbohrer	Schnittgeschw. m/min	90···100	80···100
Drehen	Schnellstahl	Schnittgeschw. m/min	40···50	50
	Hartmetall	Schnittgeschw. m/min	180···400	200
	Schnellstahl und Hartmetall	Vorschub mm/U	0,3···0,8	0,1···0,5
Fräsen	Schnellstahl	Schnittgeschw. m/min	40···60	50
	Hartmetall	Schnittgeschw. m/min	80···120	80···120
	Schnellstahl und Hartmetall	Vorschub mm/U	0,5···0,8	0,5···0,8
Gewinde schneiden, Schnellstahl		Schnittgeschw. m/min	30···50	15

Einzige Bearbeitung, bei der mit Fett, Wachs oder Öl geschmiert wird.

Tabelle 5. *Werkstoffe für Vorrichtungen*

Vorrichtungsteil bzw. Sonderwerkzeug	Werkstoff
Vorrichtungskörper	Preßstoff, Preßholz, Leichtmetalle, AlMgSi 1, AlZnCu, GG 14. GS 45, C 22
Spanneisen, Spannbügel, Spannklauen, Spanndorne, Spannhülsen, Spannbrücken, Druck- und Zugspindeln, Druckverteiler, Druckumlenker, Vorreiber, Kniehebel, Kugelteller, Verschlüsse, Zahnräder, Zahnstangen, Steuerorgane, Schrauben	C 22, C 35, C 45, C 60 (je nach Beanspruchung)
Kegelschäfte, Bohrstangen, hochbelastete Zug- und Druckspindeln, hochbelastete Spannelemente, Spreizdorne und -hülsen	34 Cr 4, 37 MnSi 5, 42 CrMo 4, 50 CrV 4

[1] Siehe Fußnote 2 zu Abschn. 5.

Tabelle 5. (Fortsetzung)

Vorrichtungsteil bzw. Sonderwerkzeug	Werkstoff
Paßdorne, Zentrierdorne, Zentrierringe, Auflageleisten, Auflagestützen, Auflageprismen, Schnappverschlüsse, Rollenbolzen, Kugelwippen, Spannleisten, Laufzapfen, Laufrollen, Anschläge	C 15, C 22 (im Einsatz gehärtet, je nach Beanspruchung) C 22 nur dann verwenden, wenn nach dem Härten keine Bearbeitung mehr erforderlich ist.
Gehärtete Bohrstangen, Nachformschablonen	27 CrAl 6, 34 CrAlNi 7, 34 CrAl 6, 31 CrMoV 9, 34 CrAlMo 5
Walz- und Kugellagerringe bis 30 mm Fertigwanddicke	100 Cr 6
mit mehr als 30 mm Fertigwanddicke	100 CrMn 6
Stärkere Spannbacken	C 60 gehärtet
Schwächere Spannbacken	C 100 W 1, C 110 W 1 gehärtet
Hochbelastete Zahnräder	37 MnSi 5, 53 MnSi 4 (je nach Beanspruchung)
Schneckenräder	GG 26, GSnBz 10, GSnBz 14 (je nach Beanspruchung)
Schnecken	C 45, 15 Cr 3, 16 MnCr 5 (je nach Beanspruchung, die beiden letzteren im Einsatz gehärtet)
Hakenschrauben, Spannexzenter, Spannkeile, Spannhebel, Auswerfer, Feststeller, Zentrierkörner	C 15, 15 Cr 3, 16 MnCr 5, 20 MnCr 5 (im Einsatz gehärtet, je nach Beanspruchung)
Bohrbuchsen, Meßplättchen	C 60 gehärtet
Schwachwandige Bohrbuchsen und Rohrlehren, Bohreinsätze (ohne Härteverzug)	105 WCr 6, 90 MnV 8 gehärtet
Blatt- und Druckstabfedern, Walzdorne, Ringspannscheiben	55 Si 7, 65 Si 7
Spiralfedern	46 Si 7
Spannzangen	70 Si 7, 60 MnSi 4
Schneidmeißel	EV 4 Co
Formstähle, Sonderfräser, Bohrmesser	ECo 3, E 18 Co 3, EV 4
Reibahlen, Hochleistungsfräser	EMo 5 V 3
Bohrer, Senker	C 18

Tabelle 6. *Gegenüberstellung von Werkstoff-Nummern, Werkstoff-DIN-Bezeichnungen und Werkstoff-DIN-Normblättern*

Werkstoff-Nr.	DIN-Bez.	Normblatt DIN	Werkstoff-Nr.	DIN-Bez.	Normblatt DIN
1.0401	C 15	17210	1.7131	16 MnCr 5	17200
1.0402	C 22	17200	1.7147	20 MnCr 5	17200
1.0501	C 35	17200	1.2419	105 WCr 6	
1.0503	C 45	17200	1.2842	90 MnV 8	
1.0601	C 60	17200	1.0902	46 Si 7	17221
1.7033	34 Cr 4	17200	1.0904	55 Si 7	17221
1.7225	42 CrMo 4	17200	1.0906	65 Si 7	17221
1.5122	37 MnSi 5	17200	1.2823	70 Si 7	
1.5141	53 MnSi 4		1.2826	60 MnSi 4	
1.8159	50 CrV 4		1.3202	EV 4 Co	
1.8503	27 CrAl 6		1.3211	ECo 3	
1.8550	34 CrAlNi 7		1.3245	E 18 Co 3	
1.8504	34 CrAl 6		1.3302	EV 4	
1.8519	31 CrMoV 9		1.3344	EMo 5 V 3	
1.8507	34 CrAlMo 5		1.3357	C 18	
1.3505	100 Cr 6			GG 14	1691
1.3520	100 CrMn 6		0374	GS 45	1681
1.1540	C 100 W 1			GSnBz 10	1705
1.1550	C 110 W 1			GSnBz 14	1705
1.7015	15 Cr 3	17210		AlMgSi	1725
				AlZnMgCu	1725

7. Verwendung handelsüblicher Vorrichtungen. Vor der Konstruktion einer als notwendig oder wirtschaftlich erkannten Vorrichtung sollte stets erst geprüft werden, ob eine vielleicht im eigenen Vorrichtungspark vorhandene, sonst nicht mehr zu verwendende Vorrichtung für den vorgesehenen Zweck mit einfachen Mitteln umgebaut werden könnte. Ist das nicht der Fall, so sollte dann noch festgestellt werden, ob nicht hierfür etwa eine der heute von Spezialfirmen angebotenen handelsüblichen Universal- bzw. Mehrzweckvorrichtungen dafür beschafft und ohne weiteres oder auch nach einfachen Abänderungen eingesetzt werden könnte. Trifft das zu, dann muß eine sorgfältige Kostenkalkulation angestellt werden, um zu ermitteln, ob es vorteilhafter ist, die betreffende Vorrichtung zu kaufen oder sie selbst zu konstruieren und anzufertigen.

8. Verwendung von Gemeinvorrichtungen. Bei der Konstruktion von Vorrichtungen sollte man sich auch jeweils überlegen, ob und inwieweit die allgemein gebräuchlichen und handelsüblichen Gemeinvorrichtungen, wie Spanneisen, Spannvorrichtungen, verstellbare Spannwinkel, Spannzangen, Spannfutter, Spanndorne (einschließlich mechanisch und hydraulisch spannender Dehndorne), Schraubstöcke, Teilköpfe, Teiltische, Winkelteilköpfe, Schwenk- und Drehtische u.dgl. verwandt werden können. Sei es, daß sie als Elemente bestimmter Vorrichtungen eingesetzt werden können oder daß man sie zu Sondervorrichtungen umgestaltet, indem man ihre Wirkungsweise durch Ergänzungsteile erweitert. Immer werden sich in Fällen der Verwendungsmöglichkeit besondere Vorteile ergeben. Besonders gilt dieser Grundsatz dann, wenn es sich bei den zu bearbeitenden Werkstücken um, kleinere Stückzahlen handelt, so daß also eine möglichst einfache und doch zweckmäßige Ausführung die Grundbedingung für den erfolgreichen Einsatz ist[1].

9. Verwendung genormter Vorrichtungsteile. Seitdem sich der Vorrichtungsbau zu einem Nebenindustriezweig entwickelt hat, ist man da und dort auch bestrebt gewesen, häufig wiederkehrende Vorrichtungteile zu normen, um nicht nur Konstruktions- und Zeichenarbeit zu ersparen, sondern um auch die Vorrichtungen selbst billig herzustellen. Man möchte die genormten Teile in größeren Mengen und daher billiger fertigen, um sie dann ab Lager zu verwenden. Soweit die Zweckmäßigkeit der Vorrichtungen nicht darunter leidet, ist das richtig. Zweifellos wird aber über das Ziel hinausgeschossen, wenn gelegentlich angeraten wird, die Normung so weit auszudehnen, daß es möglich sein müßte, bestimmte Arten von Vorrichtungen nach dem Baukastensystem nur aus genormten Teilen zusammenzubauen, um die Verbilligung zum äußersten zu treiben. Das läßt sich wohl in keinem Falle durchführen, ohne daß die Zweckmäßigkeit stark gefährdet wird. Da diese aber immer an erster Stelle zu stehen hat, wird man in der Praxis tatsächlich nur verhältnismäßig wenige Teile für Vorrichtungen normen können und sehr wenige Teile nur in einem solchen Grade, daß man sie auf Lager fertigen kann. Viele Vorrichtungsbüros haben sich eigene Werksnormen für Vorrichtungselemente geschaffen, die mehr oder weniger zweckmäßig ausgefallen sind. Das hat naturgemäß dazu geführt, den Konstruktionsgepflogenheiten dieser Büros eine bestimmte, aber nicht immer vorbildliche Richtung zu geben. Häufig wiederkehrende Teile, die ganz allgemein verwendet werden, z.B. Bohrbuchsen, Spannelemente und Schrauben, sollten aber immer nach den bestehenden DIN-Normen ausgeführt und auf Lager gelegt werden.

Im Vorrichtungsbau werden [an Stelle der früher üblichen Sechskant-, Zylinderkopf- und Versenkschrauben jetzt durchweg Innensechs- und Innenvierkantschrauben verwendet. Diese handelsüblichen Schrauben können ohnehin schon infolge ihrer höheren Festigkeit (70 kp/mm²) kleiner bemessen werden; sie haben aber gegenüber den gewöhnlichen Kopfschrauben außer-

---

[1] Siehe Werkstattbücher Heft 35, MAURI, H.: Vorrichtungsbau II, 7. Aufl. 1968, Kap. I.

dem noch den Vorzug geringeren Raumbedarfs. Den Zylinderkopf- und Versenkschrauben sind sie aber vor allem dadurch überlegen, daß sie sich leicht und mühelos anziehen lassen; denn durch das Innenkant wird der Schraubenkopf gleichmäßig beansprucht und der Schlüssel mittig geführt, während bei Zylinderkopf- und Versenkschrauben der geschlitzte Kopf beim kräftigen Anziehen fast immer beschädigt wird und ferner durch das Abrutschen des Schraubenziehers nicht nur die anliegenden Flächen verschrammt, sondern auch Körperverletzungen verursacht werden.

Die Arbeiten des Sonderausschusses für die Normung von Vorrichtungsteilen sind sehr zu begrüßen. In Tab. 7 sind die bereits festgelegten sowie die im Entwurf vorliegenden DIN-Normen für Vorrichtungen und solche Teile, die vielfach für Vorrichtungen und Sonderwerkzeuge gebraucht oder als Unterlagen für die Konstruktion herangezogen werden können, aufgeführt. Da auch die Konstruktion von gewissen Sonderwerkzeugmaschinen meistens dem Vorrichtungskonstuktionsbüro mit obliegt, sind in dieser Tabelle auch solch Normteile mit aufgeführt, die hierfür verwandt werden können.

Tabelle 7. *Normen[1] für Vorrichtungen, Sonderwerkzeuge und Sonderwerkzeugmaschinen nach Normblattverzeichnis 1970*

	DIN	
1. Werkzeughalter		
a) Allgemein		
Bohrungen, Nuten und Mitnehmer für Werkzeuge mit zylindrischer Bohrung und kegeliger Bohrung mit Kegel 1:30	138	
Werkzeugkegel, Morsekegel und metrische Kegel; Kegelschäfte	228	Bl. 1
Werkzeugkegel, Morsekegel und metrische Kegel; Kegelhülsen		Bl. 2
Übergang vom Kegelschaft zum schneidenden Teil des Werkzeuges, Richtlinien	232	
Verlängerer für Werkzeuge mit Vierkant	577	
Steilkegel 3,5:12	729	
Antriebsteile für handbetätigte Steckschlüsseleinsätze mit Handvierkantantrieb	3122	
Werkzeugverlängerunger	6382	
Entwurf – ISO-Schaftdurchmesser und ISO-Vierkante für rotierende spannende Werkzeuge mit Zylinderschaft	7450	
Haltestifte für biegsame Wellen	44707	
b) Bohren		
Werkzeug-Vierkante, Abmessungen, Grenzmaße, Lehrenmaße	10	
Vornorm – Aufsteckhalter mit Morsekegel für Aufsteckreibahlen und Aufstecksenker	217	
Bohrfutteraufnahme; Kegeldorne	238	Bl. 2
Bohrfutteraufnahme; Bohrfutterkegel		Bl. 2
Kegelschäfte für Querkeilbefestigung	1806	
Querkeilbefestigung; Hülsen (Bohrspindel)	1807	
Reduzierhülsen für Querkeilbefestigung	1808	
Mitnehmer an Werkzeugen mit Zylinderschaft	1809	
Reduzierhülsen für Werkzeuge mit Morsekegel	2185	
Verlängerungshülsen für Werkzeuge mit Morsekegel	2187	
Steilhülsen, kurz	6327	Bl. 1
Steilhülsen, lang		Bl. 2
Steilhülsen, abgesetzt		Bl. 3
Klemmhülsen, kegelig, für Werkzeuge mit Zylinderschaft und Vierkant	6328	
Klemmhülsen, kegelig, für Werkzeuge mit Zylinderschaft und Mitnehmer	6329	
Bohrspindelköpfe zur Aufnahme von Steilhülsen; Anschlußmaße	55058	
c) Drehen		
Revolverkopfbohrungen zur Aufnahme der Werkzeugschäfte	1815	
d) Fräsen		
Frässpindelköpfe mit Steilkegel	2079	

	DIN	
Werkzeugschäfte mit Steilkegel für Gewindeanzug	2080	
Fräserdorne mit Morsekegel, vollständig	2081	
Laufbuchsen für Fräserdorne	2083	Bl. 1
Laufbuchsen für Fräserdorne für Wälzfräser, zylindrisch		Bl. 2
Ringe für Fräserdorne	2084	Bl. 1
Ringe für Fräserdorne für Wälzfräser mit Längsnut		Bl. 2
Ringe für Fräserdorne für Wälzfräser mit Quernut		Bl. 3
Ringsätze für Fräserdorne	2085	
Fräserdorne mit Morsekegel	2086	Bl. 1
Fräserdorne mit Morsekegel für Wälzfräser mit Längsnut		Bl. 2
Fräserdorne mit Morsekegel für Wälzfräser mit Quernut		Bl. 3
Aufsteckfräserdorne mit Morsekegel für Fräser mit Längsnut	2087	
Werkzeugschäfte, Anschlußmaße für Frässpindelköpfe nach DIN 2201	2207	
Fräserdorne, mit Steilkegel, vollständig	6354	
Fräserdorne mit Steilkegel	6355	
Aufsteckfräserdorne mit Steilkegel für Fräser mit Längsnut	6360	
Aufsteckfräserdorne mit Steilkegel für Fräser mit Quernut	6361	
Fräserdorne mit Morsekegel für Fräser mit Quernut	6362	
Reduzierhülsen für Werkzeuge mit Steilkegel	6363	
Zwischenhülsen zur Aufnahme von Werkzeugen mit Morsekegel auf Werkzeugmaschinen mit Steilkegel	6364	
Mitnehmerringe für Aufsteckfräserdorne	6366	Bl. 1
Mitnehmerringe für Fräserdorne für Wälzfräser		Bl. 2
e) Stanzen		
Einspannzapfen und Kupplungszapfen mit Aufnahmefutter für Gesamtschnitte	9827	
Einspannzapfen, Übersicht, allgemeine Abmessungen	9859	Bl. 1
Einspannzapfen; mit Nietschaft		Bl. 2
Einspannzapfen; mit Gewindeschaft		Bl. 3
Einspannzapfen; mit Hals und Bund		Bl. 4
Einspannzapfen; mit runder Kopfplatte		Bl. 5
Einspannzapfen; mit eckiger Kopfplatte		Bl. 6
Einspannzapfen; mit Gewindeschaft und Bund		Bl. 7
2. Werkstückhalter		
a) Allgemein		
Zentrierbohrungen 60°	332	Bl. 1
Zentrierbohrungen mit Gewinde Senkwinkel 60°		Bl. 2
T-Nutensteine	508	

---

[1] Siehe Fußnote Abschn. 2, S. 5.

Tabelle 7 (Fortsetzung)

Tabelle 7 (Fortsetzung)

Tabelle 7 (Fortsetzung)

10. Richtlinien für die Herstellung der Vorrichtungen. Beim Konstruieren und Aufzeichnen der Vorrichtungen ist es selbstverständlich, daß man auch die *Ausführungsmöglichkeit* mit den vorhandenen Mitteln berücksichtigen muß. Oftmals werden diese nicht ausreichen und besondere Verfahren und Hilfsmittel auszudenken sein, um entweder die Ausführung überhaupt zu ermöglichen oder den erforderlichen Genauigkeitsgrad zu erreichen. Es genügt nun nicht, daß der Konstrukteur nur überlegt und feststellt, ob und wie die Vorrichtung herzustellen ist, sondern er muß seine Gedankengänge auch der Werkstatt *schriftlich*, gegebenenfalls mit den entsprechenden Skizzen, übermitteln. Man entlastet damit die Werkstatt, verhütet, daß mit der Arbeit am falschen Ende begonnen wird und noch ein zweites oder drittes Mal angefangen werden muß, und fördert damit die Herstellung. Endlich sichert sich damit der Konstrukteur auch selbst dagegen, daß er den Herstellungsgang vergißt und plötzlich die peinliche Frage der Werkstatt, wie die Vorrichtung hergestellt werden soll, nicht sofort beantworten kann. Besser ist es noch, wenn auch für die Vorrichtungen Arbeitspläne aufgestellt werden, denn auch die Vorrichtungsfertigung bedarf einer Vorbereitung, wenn sie in jeder Beziehung befriedigen soll.

11. Berücksichtigung der wirtschaftlichen Herstellung (Bilder 4 bis 7). Der fertigungstechnisch gut vorgebildete Vorrichtungskonstrukteur untersucht nicht nur, mit welchen einfachsten Mitteln er den gewollten Zweck erreichen kann, er wird auch stets auf eine möglichst wirtschaftliche Herstellung bedacht sein. Arbeitet er in enger Verbindung mit der Werkstatt und werden alle fachlich notwendigen Fragen in lebendiger Aussprache zwischen ihm und dem Werkstattmann besprochen, so kann er seines Erfolges sicher sein. Zur Erzielung möglichst wirtschaftlicher Herstellung einige Hinweise:

Manchmal müssen an größeren und langen Vorrichtungen große Flächen abgerichtet werden (Bild 4), weil sie wegen der sonst durch zu große Arbeitskräfte zu erwartenden Durchbiegung nicht mit Auflagestützen versehen werden können. Zur Verringerung der ohnehin zeitraubenden und kostspieligen Abrichtarbeit sollten derartige Flächen immer schon bei der mechanischen Bearbeitung unterbrochen werden.

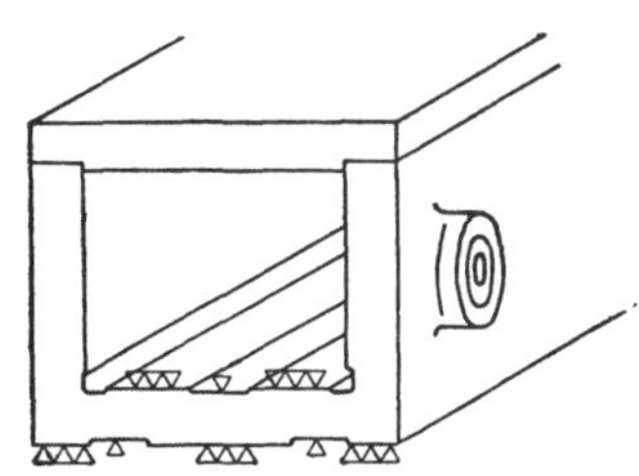

Bild 4. Unterbrechung genau abzurichtender Flächen

Bohrungen und Zentriereindrehungen an gehärteten Vorrichtungsteilen, die nach dem Härten noch ausgeschliffen werden müssen, sollten zur Erzielung einer größeren Genauigkeit (Vermeidung balliger, kegeliger und unrunder Bohrungen) und geringerer Schleifzeiten so weitgehend wie möglich freigedreht und unterbrochen werden (Bild 5).

Ebenso ist zu beachten, daß lange Innenvierkante und Bohrungen mit langen Keilnuten genügend freigedreht werden (Bild 6). Der Fertigungsfachmann weiß, was für Schwierigkeiten das saubere Einarbeiten langer Vierkante und Keilnuten bietet.

Vielfach wird übersehen, daß auch für zu schleifende Zapfenabsätze und Stirnflächen genügend Freidrehung für den Auslauf der Schleifscheibe bzw. zur Erzielung genau abgeplanter Flächen auf der Zeichnung vorgesehen werden muß (Bild 7). Sonst wird der Dreher ebenfalls nicht darauf achten und die Folge ist, daß der Schleifer sich mit den gegebenen Verhältnissen abfinden muß. Man muß dabei bedenken, daß heute das Vordrehen auf Schleifmaß sehr oft von angelernten Kräften ausgeführt werden muß. Für die Bemessung der Freistiche sollte zweckmäßig DIN 509 herangezogen werden.

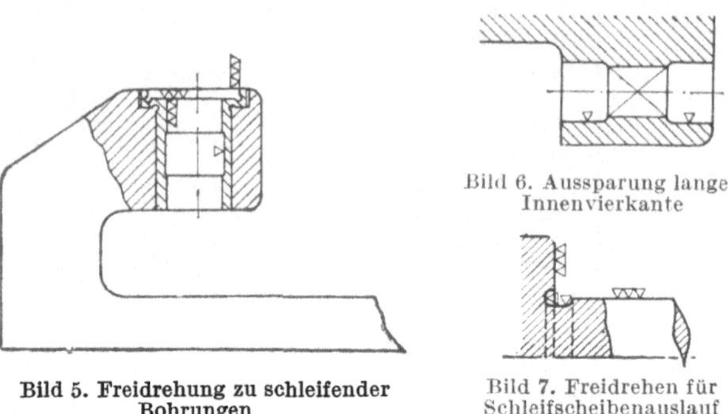

Bild 5. Freidrehung zu schleifender Bohrungen

Bild 6. Aussparung langer Innenvierkante

Bild 7. Freidrehen für Schleifscheibenauslauf

12. Berücksichtigung der Möglichkeiten zur Bearbeitung. Mehr als jeder andere Konstrukteur hat der Vorrichtungskonstrukteur schon bei der Konstruktion auf die besten Möglichkeiten für eine einwandfreie und dabei doch wirtschaftliche Bearbeitung und genaue Ausführung Rücksicht zu nehmen; denn Vorrichtungen und Sonderwerkzeuge, wie für die laufende Fertigung der Werkstücke, stehen für die Bearbeitung der Vorrichtungen selbst meistens nicht zur Verfügung. Diese müssen vielmehr nach den Grundsätzen einfachster Herstellung gestaltet werden. Schweiß-, Gieß- und Bearbeitungstechnik müssen weitgehend berücksichtigt werden. Niedrige Gestehungskosten, rasche Herstellung und leichtere Handhabung durch geringes Gewicht sind Vorteile, die zu beachten sind. Bei langen Vorrichtungen mit vielen Schweißnähten sind für Längen- und Abstandmaße noch mit einem gewissen Zuschlag versehene sog. Schrumpfmaße den einmal festgelegten Maßen auf die Zeichnung eingeklammert hinzuzufügen. Stellen, die nach dem Zusammenschweißen wegen Unzugänglichkeit nicht mehr bearbeitet werden können, müssen vorher bearbeitet werden, worauf in der Zeichnung besonders hinzuweisen ist. Sofern aber eine vorherige Bearbeitung solcher Stellen wegen der verlangten Genauigkeit bei dem zu erwartenden Verzug nicht ausreicht, soll die Vorrichtung besser aus Ein-

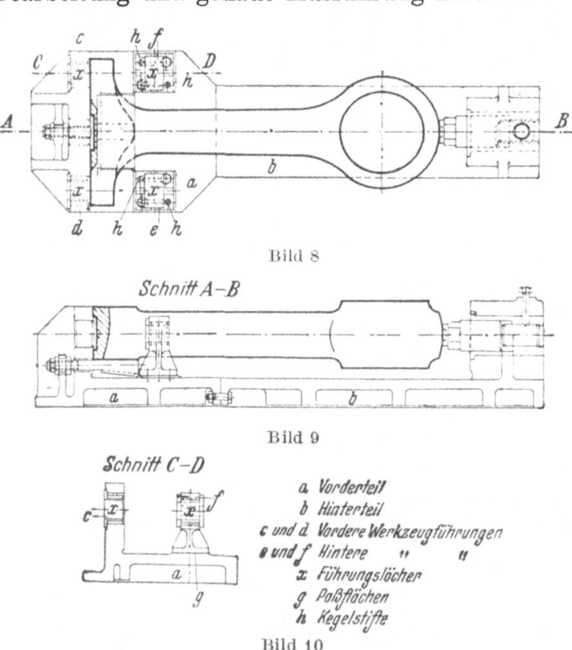

Bild 8

Schnitt A–B

Bild 9

Schnitt C–D

a Vorderteil
b Hinterteil
c und d Vordere Werkzeugführungen
e und f Hintere „ „
x Führungslöcher
g Paßflächen
h Kegelstifte

Bild 10

Bilder 8···10. Berücksichtigung der Bearbeitungsmöglichkeiten durch Teilen der Vorrichtung zelteilen zusammengeschraubt oder teilweise geschweißt und zusammengeschraubt werden. Dasselbe gilt auch für Vorrichtungen, die als Gußstücke an maßgebenden Stellen entweder gar nicht oder nur sehr umständlich zu bearbeiten sind.

Mit den Bildern 8 bis 10 wird ein Beispiel dafür gegeben, wie durch zweckmäßige Konstruktion die genaue Ausführung gar erst ermöglicht wird. Diese Bohrvorrichtung für Motorentreibstangen ist aus den zwei Hauptteilen a und b zusammengesetzt, weil es sonst bei der Größe der Vorrichtung unmöglich ist, die Werkzeugführungen c und d auf der Lehrenbohrmaschine herzustellen. Aber auch die hinteren Werkzeugführungen e und f werden nachträglich aufgesetzt, da sich die hintereinanderliegenden Führungslöcher x bei der vorgesehenen Entfernung infolge des nicht ausreichenden Hubes des Lehrenbohrwerkes nicht in einem Zuge bohren lassen. Auf diese Weise ist man aber in der Lage, ausgehend von den auf der Lehrenbohrmaschine auf genauen Abstand gebohrten vorderen Werkzeugführungen c und d mit Hilfe zweier Lehrwellen und einer Meßuhr die beiden hinteren Werkzeugführungen e und f durch Nacharbeiten der Fußflächen g oder Unterlegen von Paßblechen auf gleiche Höhe und parallelen Lauf der Bohrungen sowie gleichmäßigen Abstand zur Mitte der Vorrichtung auszurichten, um sie dann durch die Kegelstifte h gegen nachträgliches Verschieben zu sichern (Werkstück gilt nur als Beispiel für Herstellung ähnlicher).

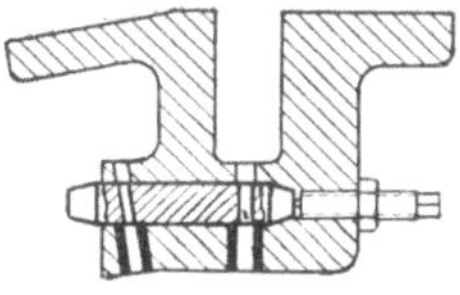

Häufig ist es auch notwendig, daß Flächen zwar nicht für den eigentlichen Zweck der Vorrichtung, aber doch als Ausgang für die Bearbeitung anderer Flächen bearbeitet werden müssen. Auch darf keineswegs übersehen werden, daß Flächen, die mit genauen Rissen versehen oder auf der Lehrenbohrmaschine ohne Anriß gebohrt werden sollen, sauber und glatt bearbeitet sein müssen. In allen solchen Fällen muß schon von vornherein auf der Zeichnung durch die richtigen Bearbeitungsangaben auf die notwendige Bearbeitung bzw. auf ihre Güte hingewiesen werden, damit nicht etwa später bei der Ausführung durch Nacharbeit unnötiger Aufschub

Bild 11. Schräge Anbohr- und Auflagefläche für schräge Bohrungen

entsteht. Für schräg verlaufende Löcher muß die Anbohrfläche rechtwinklig hierzu abgesetzt sein und nach Möglichkeit auch eine parallel dazu verlaufende Auflagefläche vorgesehen werden, damit der Bohrer nicht verläuft (Bild 11).

Gelegentlich müssen auch für die Bearbeitung besondere Angüsse oder Hilfszapfen vorgesehen werden, die nach der Bearbeitung zu entfernen sind. Auch hierfür sind selbstverständlich auf den Werkzeichnungen schon die erforderlichen Angaben zu machen, damit die Rohteile in den entsprechenden Abmessungen beschafft werden. Bild 12 zeigt einen hohlen Spanndorn für eine Vorrichtung zum Einschleifen von Dichtungsringen für Kolbenstangenstopfbuchsen. Die einzuschweißende Scheibe a muß zum Andrehen der Schweißfase und zum Nachdrehen des zusammengeschweißten Dornes mit dem Hilfszapfen b versehen werden.

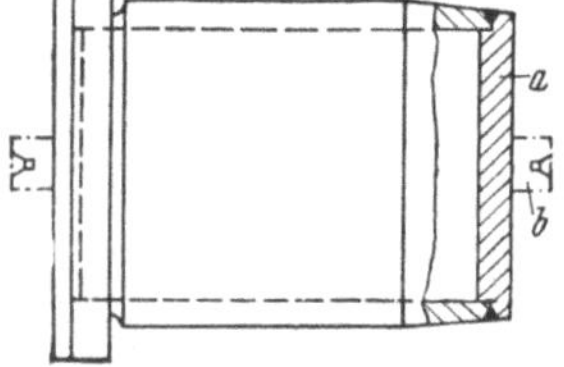

Bild 12. Anbringen von Hilfszapfen

Für Zentrierungen, Zapfen, runde Ansätze und Bohrungen sind stets nur die nach DIN 3 genormten Durchmesser anzuwenden, da die hierfür meistens vorhandenen Lehrensätze sowohl die Arbeit als auch die Prüfung wesentlich erleichtern.

Für schwerere und unhandliche Vorrichtungen müssen auf den Zeichnungen durch Angabe von Augbolzenlöchern oder Transportösen die Möglichkeiten zum Transport bedacht werden.

13. Vermeiden von Verspannungen. Die Erfahrung lehrt, daß die Werkstücke bei der Aufnahme in der Vorrichtung aus Unkenntnis oder zur eigenen Sicherung in der Regel übermäßig angespannt werden. Das mag vielleicht dadurch zu erklären sein, daß zwischen dem Spannen in einer Vorrichtung, die ja meistens durch eine vielfach bessere Aufnahme des Werkstückes eine größere Sicherheit gegen Losreißen bei der Bearbeitung bietet, und dem Festspannen auf dem glatten Arbeitstisch gefühlsmäßig kein Unterschied gemacht wird. Wo nur ein leichtes Anziehen der Spannelemente genügt, wird häufig gar noch ein Rohr als verlängerter Hebelarm zu Hilfe genommen. So kommt es denn, daß man immer wieder verspannte Vorrichtungen antrifft, mit denen natürlich ein genaues Arbeiten unmöglich ist. Der Konstrukteur muß daher von vornherein dieser Tatsache durch eine möglichst starre Bauart Rechnung tragen. Nach Möglichkeit soll die geschlossene Kastenform gewählt werden, weil sie die größte Sicherheit gegen Verspannen bietet.

Die Bilder 13 und 14 zeigen in übertriebener Darstellung, wie sich das Verspannen der offenen Bauform an einer Lagerausbohrvorrichtung auswirkt. Bei der in Bild 15 wiedergegebenen geschlossenen Kastenform ist dagegen ein Verspannen praktisch unmöglich. Soll aber doch aus irgendeinem Grunde an der offenen Form festgehalten werden, so ist die in Bild 16 gezeigte Aufspannung zu wählen, wobei aber zu bedenken ist, daß die Spannzeit etwas größer wird.

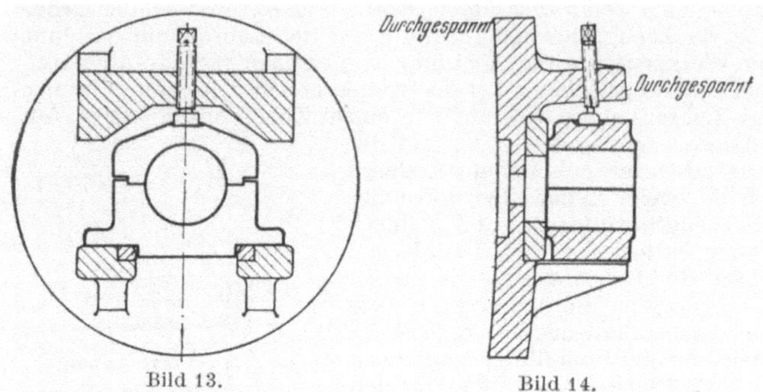

Bild 13.   Bild 14.

Bilder 13 u. 14. Verspannungen durch unsachgemäße Konstruktion

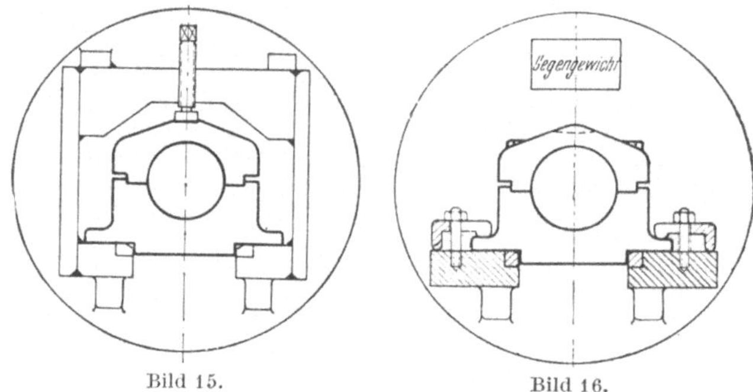

Bild 15.   Bild 16.

Bilder 15 u. 16. Zweckmäßige Konstruktionen, die keine Verspannungen zulassen

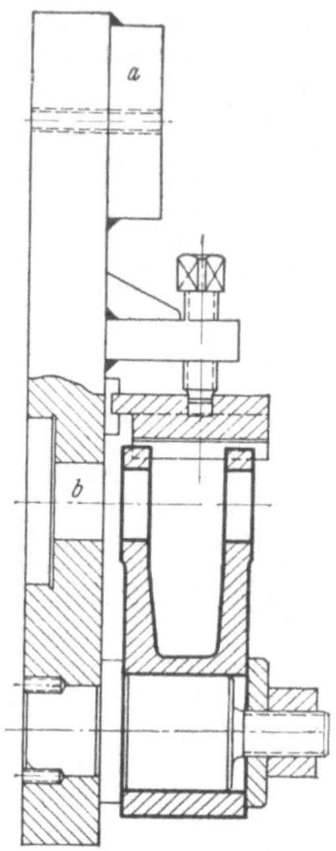

Bild 17. Möglichkeit zur Anbringung von Gegengewichten beim Auswuchten

14. Auswuchtmöglichkeiten für Spannvorrichtungen zur Rundbearbeitung. Vorrichtungen an schnellaufenden Werkzeugmaschinen, also vornehmlich an Drehbänken, müssen gut ausgewuchtet sein, da die sonst auftretenden Fliehkräfte sich nachteilig auswirken. Demgemäß ist schon bei der Konstruktion auf die Möglichkeit zur Anbringung von Gegengewichten Rücksicht zu nehmen. Bild 17 zeigt eine Vorrichtung zum Ausbohren von Lenkern, die zur Aufnahme der Gegengewichte *a* eingerichtet und zum Auswuchten auf einem Dorn mit der Paßbohrung *b* versehen ist.

15. Allgemeine Grundsätze des Gebrauchs. Abgesehen von den grundsätzlichen Erwägungen, die beim Konstruieren über rasches und sicheres Spannen, gute Spanabfuhr u. dgl. anzustellen sind, muß auch jede noch so gering erscheinende Möglichkeit leichterer *Handhabung* bedacht werden. Eine gute Vorrichtung soll nicht nur durch genauere Bearbeitung einer größeren Anzahl Werkstücke eine Mehrleistung ergeben, sondern auch den Arbeiter schonen. Der Grundsatz jedes Vorrichtungskonstrukteurs muß sein: „Mit geringstem Aufwand an Geschicklichkeit und Muskelkraft zur höchsten Leistung.“

Es genügt z. B. nicht allein, die Späne so abzuleiten, daß die Arbeit nicht behindert wird, sondern sie sind durch geeignete Abweisbleche und Auffangwannen so abzuführen, daß sie ohne

Mühe beseitigt werden können. Alle Ecken und Vorsprünge sind zu vermeiden, damit die Reinigung erleichtert wird. Vor allem ist aber auch bei der Konstruktion auf den Schutz wichtiger Vorrichtungselemente, wie Gewindespindeln, Verzahnungen, Führungsleisten u. dgl., Rücksicht zu nehmen. Die Bilder 18 bis 21 zeigen Musterbeispiele für diese Anforderungen[1].

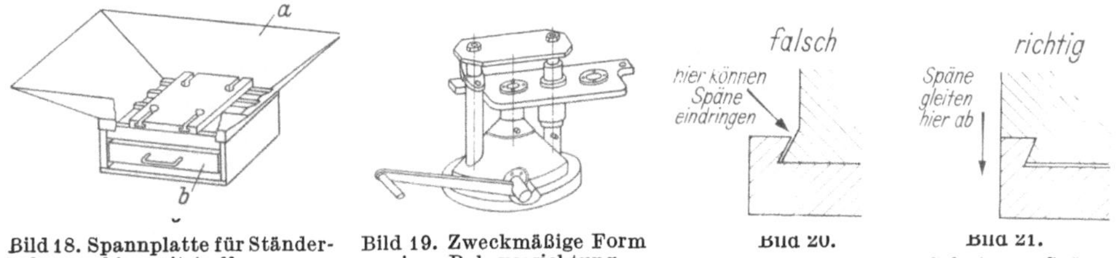

Bild 18. Spannplatte für Ständerbohrmaschine mit Auffangwanne *a* und Spänekasten *b*   Bild 19. Zweckmäßige Form einer Bohrvorrichtung (Reinigung erleichtert)   Bild 20.   Bild 21.

Bilder 20 u. 21. Schutz vor Spänen

Anfasungen an Zentrierzapfen, Indexstiften, Zentrierbohrungen, Rezessen und Aufnahmeabsätzen erleichtern die *Einführung* der Werkstücke. Gehärtete Aufnahmeelemente verhindern nicht nur den vorzeitigen Verschleiß, es wird auch schlechte Einführung und Nacharbeit durch angestoßene Stellen vermieden. Die Zuführung der Kühlmittel muß so gestaltet sein, daß sie wirkungsvoll ist. Das gilt besonders für die in steigendem Maße zur Anwendung gelangenden Werkzeuge mit Hartmetallschneiden. In solchen Fällen ist die Zuführung nach Bild 22 auszuführen, weil bei der hohen Drehzahl des Werkzeuges das unmittelbar von oben herangeführte Kühlmittel sofort abgeschleudert wird, ohne richtig an die Schneiden zu gelangen, wodurch eine hohe Erwärmung von Vorrichtung und Werkzeug zu erwarten ist.

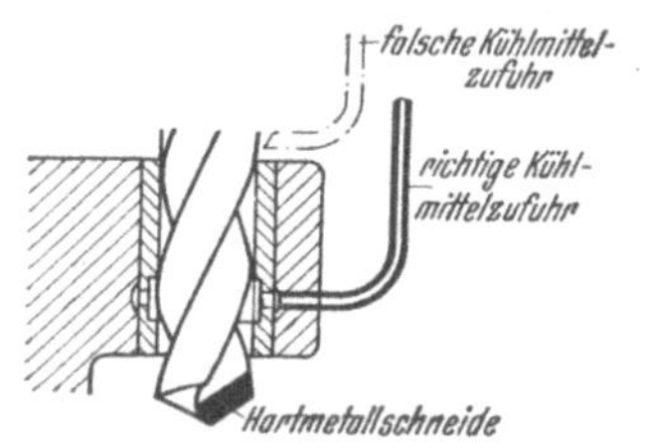

Bild 22. Zweckmäßige Kühlmittelzufuhr

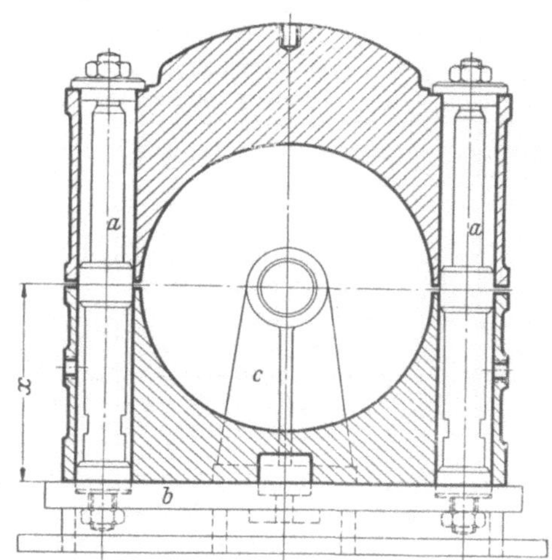

Bild 23. Berücksichtigung des schnellen Ausrichtens auf der Werkzeugmaschine

Bei der Konstruktion muß auch ein leichtes *Ausrichten* der Vorrichtung auf der Werkzeugmaschine angestrebt werden. So kommt es z. B. bei der in Bild 23 gezeigten Vorrichtung zum Ausbohren der Lagerbohrung an Kreuzkopflagern für Dieselmotoren wegen der notwendigen Austauschbarkeit darauf an, die Vorrichtung auf dem Bohrwerkstisch so zur Bohrspindel auszurichten, daß diese genau auf der Mitte zwischen den Aufnahmebolzen *a* und im Abstand x von der Grundfläche *b* liegt. Durch den an der Vorrichtung vorgesehenen Ausrichtebock *c* für die Bohrspindel wird diese Forderung erfüllt.

Inwieweit die richtige Aufstellung der Vorrichtung schon bei der Konstruktion berücksichtigt werden muß und wie sehr die wirtschaftliche Ausnutzung davon abhängt, wird noch im Kap. III behandelt. Nur eine Fülle von Überlegungen führt dazu, daß die geplante Vorrichtung nicht in der Werkstatt abgelehnt und damit ein Fehlschlag wird.

16. Berücksichtigung von Prüfungsmöglichkeiten. Sehr oft wird übersehen, daß schon bei der Konstruktion durch geeignete Maßnahmen die Prüfung der fertig-

---

[1] Siehe Werkstattbücher Heft 33, MAURI, H.: Vorrichtungsbau I, Kap. III, 9. Aufl. 1969, Abschn. L.

gestellten Vorrichtung ganz bedeutend erleichtert werden kann. So wird die Prüfung zuweilen wesentlich vereinfacht, wenn eine bestimmte Fläche an der Vorrichtung, die sonst für den Verwendungszweck keiner Bearbeitung bedarf, dennoch als Ausgangsfläche für die Prüfung bearbeitet ist.

Den häufig vorkommenden Fall, daß die Lage irgendwelcher Vorsprünge, Flächen, Zapfen oder Bohrungen zur Mitte der Vorrichtung geprüft werden muß, gibt Bild 24 wieder. Auf dieser Vorrichtung sollen geteilte Kurbellager in den bereits fertig ausgebohrten Bolzenlöchern zum Ausbohren der Lagerbohrung aufgenommen werden. Es kommt darauf an, daß die Lagerbohrung und demgemäß natürlich

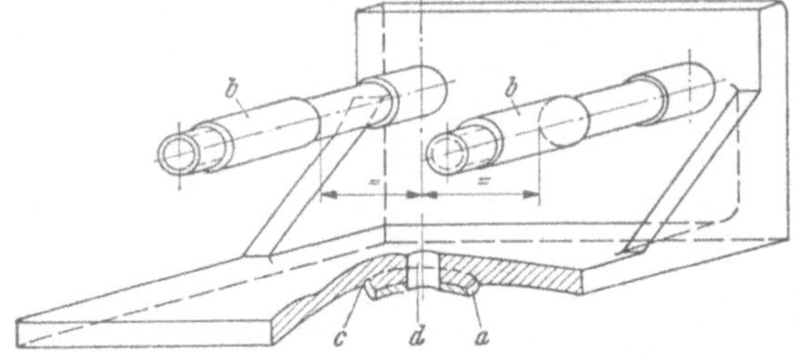

Bild 24. Prüfungsmöglichkeiten durch Zentrierbohrung

auch die an der Vorrichtung für die Lagebestimmung an der Drehbank vorgesehene Zentrierscheibe a genau auf der Mitte zwischen den beiden Aufnahmezapfen b liegt. Durch die an der Vorrichtung mit vorgesehene und in einer Aufspannung mit der Zentriereindrehung c angebrachte Paßbohrung d wird die Prüfung dieser Bedingung ermöglicht. Man braucht so nur einen Lehrdorn in die Bohrung d einzusetzen und kann dann von diesem aus mit Endmaßen sehr leicht die Lage der Zapfen b zur Mitte der Zentrierscheibe überprüfen.

Tabelle 8. *Beispiel eines Arbeitsschemas für eine Vorrichtung*

Arbeitsschema für Bohrspannvorrichtung Vb. 1

Seite der Vorr.	Skizze	Loch-Nr.	Art und lichte Weite der Bohrbuchsen	Art des Werkzeuges	Nr.
A		1 ···4	Steckbuchse 13,6	Spiralbohrer 13,5	normal
			Ohne Buchse	Gewindebohrer $^5/_8''$	normal
		5	Steckbuchse 34,1	Senker 34	normal
			Steckbuchse 34,75	Senker 34,7	normal
B		6	Steckbuchse 18,1	Spiralbohrer 18	normal
			Steckbuchse 22	Stufenreibahle	Wr. 1
				Stufenreibahle	Wr. 2
		7	Steckbuchse 24,1	Spiralbohrer 24	normal
			Steckbuchse 26,75	Senker 26,7	Bb. 1
			Ohne Buchse	Abflächwerkzeug	Wf. 1
			Steckbuchse 28	Sonderreibahle	Wr. 3
C		8	Steckbuchse 37,1	Senker 37	normal
			Steckbuchse 37,75	Senker 37,7	normal
			Ohne Buchse	Sonderreibahle	Wr. 4
D		9 ···10	Steckbuchse 19,1	Spiralbohrer 19	normal
			Steckbuchse 19,75	Senker 19,7	normal
			Ohne Buchse	Abflächwerkzeug	Wf. 2
		11 ···14	Festbohrbuchsen 18,1	Spiralbohrer 18	normal

. **17. Angaben über die Wirkungsweise der Vorrichtungen.** Die Wirkungsweise einer Vorrichtung ist nicht in jedem Falle ohne weiteres ersichtlich. Besonders mit *Kippbohrspannvorrichtungen* werden häufig recht umfangreiche Arbeiten der verschiedensten Art ausgeführt, wobei eine bestimmte Reihenfolge der Arbeitsgänge einzuhalten ist. Diese Reihenfolge muß im *Arbeitsplan* festgelegt sein, den das Werkstück mit auf den Weg bekommt. Für ganz verzwickte Arbeitsgänge kann es sogar zweckmäßig sein, für das Bohren noch ein besonderes Arbeitsschema aufzustellen.

Aus dem *Arbeitsschema* muß klar hervorgehen: 1. die Reihenfolge der Arbeitsgänge, 2. die jeweils dazu erforderlichen Werkzeuge und 3. die jeweilige Stellung der Vorrichtung. Die Vorrichtung selbst muß dem Zweck entsprechend gekennzeichnet werden. Man bezeichnet die einzelnen Seiten der Vorrichtung am besten mit auffälligen Buchstaben und die einzelnen Werkzeugführungen mit fortlaufenden Zahlen. Tabelle 8 enthält ein Beispiel für ein derartiges Arbeitsschema.

B. Ausführung der Vorrichtungen

18. Herstellungsgang allgemein. Früher wurden in den Werkzeugmachereien oder in den Sonderwerkstätten des Vorrichtungsbaues alle jeweils zu einer Vorrichtung gehörenden Teile vom Werkzeugmacher bzw. Vorrichtungsbauer selbst auch mechanisch bearbeitet. Er drehte, fräste, bohrte, schliff usw. alle Teile nach der ihm übergebenen Zeichnung, baute dann die Vorrichtung zusammen und war allein verantwortlich für das gute Funktionieren. Dieses der neuzeitlichen Betriebswissenschaft widersprechende Verfahren hatte gewisse Vorzüge: es ging zwar langsam, aber reibungslos und stetig mit den Vorrichtungen voran, eine Prüfung der Einzelteile war nicht erforderlich, nur eine Endabnahme.

Heute werden die Teile einer Vorrichtung gleichzeitig an mehreren Stellen in Angriff genommen und entsprechend der Bearbeitungsart auf die Werkzeugmaschinen verteilt. So können diese Maschinen besser ausgenutzt und die Vorrichtungen schneller fertiggestellt werden. Ferner sind die ständig an den gleichen Werkzeugmaschinen beschäftigten Leute besser eingearbeitet, wodurch sich auch kürzere Arbeitszeiten ergeben. Dabei ist es nun gleich, ob die mechanische Bearbeitung, wie es heute noch vielfach in kleineren und mittleren Betrieben üblich ist, an den Werkzeugmaschinen der *Produktionsabteilungen* durchgeführt wird, oder, wie es zweckmäßiger und in größeren Betrieben mit einer Vielfertigung an Vorrichtungen heute der Fall ist, an eigens für den *Vorrichtungsbau* vorbestimmten, aber mit Spezialarbeitern besetzten Werkzeugmaschinen.

Im ersten Falle kann sich der Nachteil ergeben, daß die Vorrichtungsteile bei der Bearbeitung in den Produktionswerkstätten häufig als *nebensächlich* betrachtet und nicht immer zeitlich so gefördert werden, wie es, vom Standpunkt des Gesamtbetriebes aus betrachtet, wünschenswert wäre. Dabei kann leicht durch die *verspätete* Fertigstellung einer Vorrichtung die Fertigung selbst ins Stocken geraten. Allerdings wird es auch in den besteingerichteten und mit Werkzeugmaschinen aller Art versehenen Vorrichtungswerkstätten besonders beim Bau von Großvorrichtungen immer Fälle geben, die eine bestimmte Bearbeitung außerhalb der Vorrichtungswerkstatt in den Produktionswerkstätten erforderlich machen, weil es sich auch in solchen Betrieben nicht lohnt, für seltener auszuführende Bearbeitungsarten entsprechend große Werkzeugmaschinen zur Verfügung zu halten. In beiden Fällen sind jedoch eine gut arbeitende Terminverfolgung und die Prüfung der Einzelteile nach jeder durchgeführten Arbeitsstufe erforderlich. Sonst verzögert sich die Herstellung der Vorrichtungen durch Nachlässigkeiten.

Die Schwierigkeiten mehren sich noch ganz erheblich, wenn auf *Stücklohn* gearbeitet wird. Die Unzweckmäßigkeit dieser Entlohnungsart für die Werkzeugmacherei und den Vorrichtungsbau hat sich in der Praxis erwiesen. Dieser von einigen maßgeblichen Stellen angefochtene Standpunkt soll kurz begründet werden: Akkordarbeit kann nur dann die bekannten Vorteile bringen, wenn es möglich ist, vorher die Stücklöhne so genau zu bestimmen, daß keine Nachforderungen bewilligt werden müssen. Das ist im Vorrichtungsbau wohl möglich für die mechanische Bearbeitung von Einzelteilen, für das Zusammenbauen im allgemeinen jedoch nicht so, daß jeder an und für sich fleißige Werkzeugmacher damit zurechtkommen kann. Während der eine mit Überlegung arbeitet und auch bei erstmalig ausgeführter Arbeit keinen Handgriff umsonst macht, muß der andere bei der gleichen Arbeit lernen und Sondererfahrungen sammeln, die er erst bei einer Wiederholung verwerten könnte. Diese Arbeiter benötigen, wie die Erfahrung lehrt, ein Vielfaches der Zeit, die Arbeiter erster Gattung aufwenden. Der Kalkulator kann aber unmöglich Rücksichten auf den einzelnen nehmen. Er muß entweder die Preise durchweg so hoch ansetzen, daß jeder damit auskommt, oder er muß Nachforderungen bewilligen. Man muß dabei berücksichtigen, daß es sich im Vorrichtungsbau wohl stets um Einzelfertigung handelt, und daß es in den meisten Fällen auf eine sehr große Genauigkeit ankommt. Wenn im Vorrichtungsbau an Stelle der Stücklöhne nach Leistung abgestufte Zeitlöhne bezahlt werden, so wird sich zweifellos ein besserer Wirkungsgrad ergeben.

Die *Endabnahme* der Vorrichtungen sollte stets von einem erfahrenen Prüfer vorgenommen werden. Erst sein auf die Vorrichtung zu stempelndes Prüfzeichen sollte die Vorrichtung zur Benutzung freigeben.

19. Bearbeitung der Einzelteile. Das früher vielfach angewandte Verfahren, die maschinellen Bearbeitungen mit einer Zugabe für das Einpassen vorzunehmen, führte fast stets zu fortgesetzten Reibereien zwischen Maschinenarbeitern und Vorrichtungsbauern und war um ein Vielfaches teurer als das heutzutage wohl durchweg übliche Verfahren, alle Teile an den Werkzeugmaschinen genau maßhaltig zum reibungslosen Zusammenbau fertig zu bearbeiten. Vorbedingung für diese billigere Herstellung ist, daß die Maschinenarbeiter richtig geschult und die Betriebsmittel (Werkzeugmaschinen, Werkzeuge, Spannmittel und Lehren) sich in einem einwandfreien Zustande befinden, so daß Lehrenarbeit ausgeführt und alle Teile, für die ISA-Passungen vorgeschrieben sind, auch tatsächlich maßhaltig nach Toleranzlehren hergestellt werden können.

20. Bohrschablonen. Die Herstellung selbst erforderte früher ein hohes Maß von handwerklicher Geschicklichkeit, und es machte viele Mühe, die gewünschte Genauigkeit der Lochabstände zu erzielen. Gut geleitete Werkstätten waren daher bemüht, die kostspieligen Werkzeugmacherarbeiten durch allerlei selbstgebaute Hilfsmittel zu vereinfachen und zu verbilligen. Heute sind Maschinen wie Lehrenbohrmaschinen und Koordinatenbohrwerke in Anwendung, die genauer arbeiten, als es den geschicktesten Werkzeugmachern möglich ist, und die ganz erhebliche Lohnersparnisse auch noch gegenüber den verbesserten Herstellungsverfahren bringen. Bohrschablonen, für deren Herstellung nach dem ursprünglichen Verfahren viele Tage benötigt werden, können heute maschinell in wenigen Stunden hergestellt werden. Da diese Maschinen infolge ihrer hohen Genauigkeit naturgemäß sehr teuer sind und in kleineren und mittleren Betrieben nicht voll ausgenützt werden können, anderseits aber auch mit Hilfseinrichtungen bereits ganz gute Ergebnisse erzielt werden, stehen sie nicht überall zur Verfügung. In manchen Werkstätten werden daher auch heute noch auf eine der ursprünglichen Arten Bohrschablonen hergestellt. Es kann daher nur nützlich sein, wenn hier, von diesen Herstellungsverfahren ausgehend, die Bohrschablonenfertigung bis zum neuzeitlichsten Verfahren beschrieben wird.

a) Herstellung auf gewöhnlichen Bohrmaschinen ohne besondere Hilfsmittel. Diese ursprünglichste Art der Herstellung kommt wohl heutzutage nirgendwo mehr in Frage. Kleinere Werkstätten, die überhaupt keine der für die in den nachfolgend unter b bis h beschriebenen Verfahren benötigten Hilfsmittel besitzen, tun besser daran, etwa benötigte Bohrlehren bei einer der vielfach existierenden Spezialfirmen anfertigen zu lassen, als sie in der hier geschilderten Weise selbst herzustellen, weil sie für geringere Kosten eine genauere Ausführung erhalten.

b) Herstellung auf gewöhnlichen Bohrwerken. Auf gewöhnlichen Waagerechtbohrwerken lassen sich die Schablonenkörper bereits schneller und genauer herstellen. Die Löcher werden ebenfalls zuerst nach dem Anriß vorgebohrt und allmählich unter ständigem Nachmessen und Nachstellen der Maschine auf richtigen Durchmesser und auf richtige Abstände gebracht. Sind Spindel- und Schlittenführungen der Maschine noch in besonders gutem Zustande, so kann man durch Hilfe von Endmaßen das Einstellen der Maschine von Loch zu Loch wesentlich erleichtern und beschleunigen. Verwendet man ferner noch ein Meßgerät, etwa wie das in Bild 25, so lassen sich die Entfernungen sehr feinfühlig mit größter Genauigkeit einstellen. In Bild 26 ist dargestellt, wie die Entfernung von dem bereits fertiggebohrten Loch a zu dem nächsten Loch b eingestellt wird. Nach dem Bohren des Loches a wird das erwähnte Meßgerät auf dem Ende der Bohrstange befestigt und seine Meßuhr durch Unterschieben einer Anzahl Endmaße zum Ausschlag gebracht. Zum Einstellen der Maschine auf das nächste Loch b wird der Endmaßunterbau um das entsprechende Maß verkürzt und der Spindelschlitten so weit gesenkt, bis die Uhr den gleichen Ausschlag zeigt. Ähnlich kann auch beim Einstellen der Lochentfernungen in waagerechter Richtung verfahren werden; es ist dazu nur noch ein Anschlag für die Endmaße an dem Aufspannwinkel anzubringen.

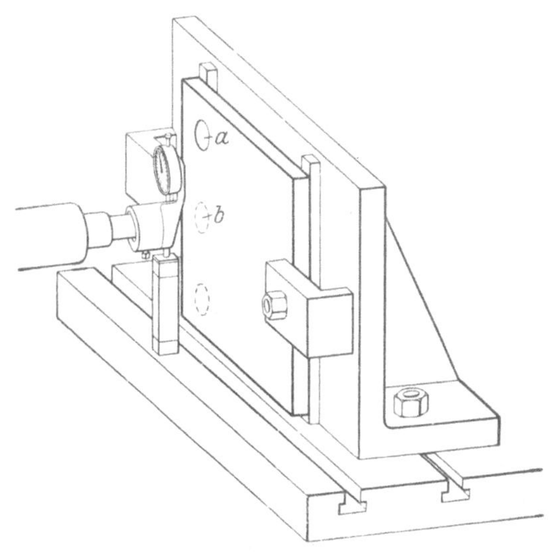

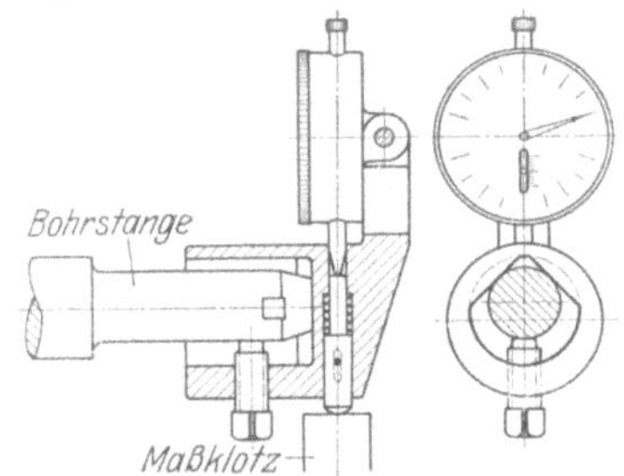

Bild 25. Meßapparat zum genauen Einstellen der Bohrspindel auf Lochabstände

Bild 26. Einstellen der Lochabstände beim Bohren der Schablonenkörper auf einem Waagerechtbohrwerk mit Hilfe von Parallelendmaßen und dem Apparat nach Bild 25

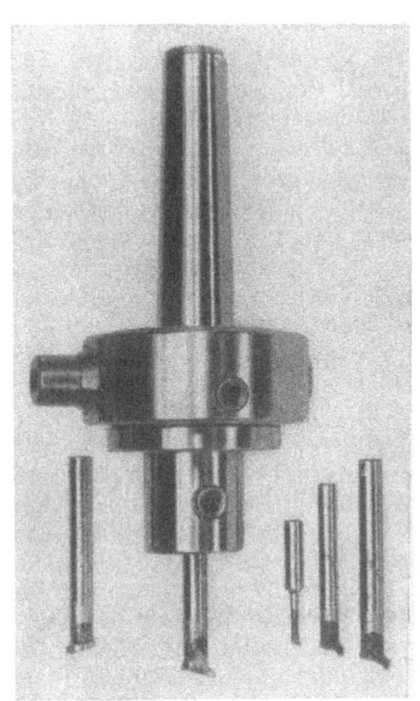

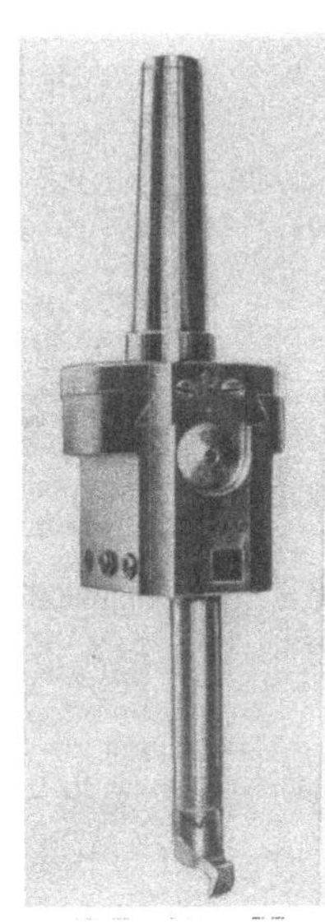

Bild 27   Bild 28   Bild 29
Wohlhaupter Universal Plan-
und Ausdrehkopf

Bilder 27···29. Bohrwerkzeuge mit veränderlichem Bohrdurchmesser und Feineinstellung

Für das Ausbohren und auch für das Anflächen können Werkzeuge mit veränderlichem Bohrdurchmesser sehr vorteilhaft und zeitsparend sein. Sie haben

Feineinstellung und sind mit einem Satz hinterschliffener Bohrmeißel ausgerüstet.
Die Bilder 27, 28 und 29 zeigen einige solcher Ausbohrwerkzeuge für veränderliche
Durchmesser.

　　c) Knopfverfahren auf Drehbänken. Bohrschablonen kleineren Umfanges kann
man genau und ziemlich schnell durch das Knopfverfahren auf der Drehbank herstellen. Die
Bohrbuchsenlöcher werden zunächst wieder nach dem
Anriß gebohrt, aber kleiner als das Fertigmaß, und mit
Gewinde versehen. Diese Gewindelöcher werden nun
dazu benutzt, gehärtete und auf einheitliches Maß ge-
schliffene Meßbuchsen auf dem Schablonenkörper so zu
befestigen, daß man sie durch Endmaße genau auf die
gewünschten Lochabstände einstellen kann (Bild 30).
Die Schrauben müssen zu dem Zweck in den Buchsen
natürlich Spiel haben. Fertig gebohrt werden die Löcher
nun auf folgende Weise: Man spannt den Bohrkörper

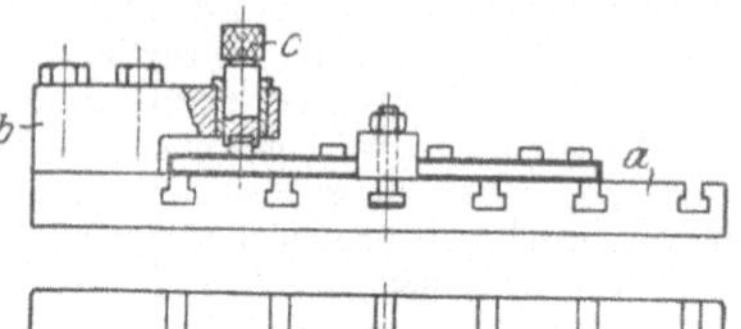

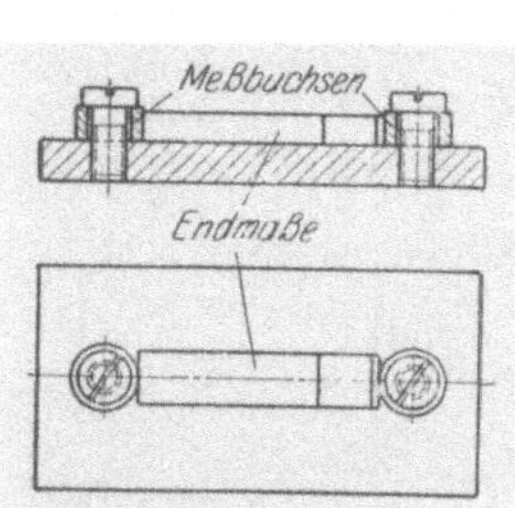

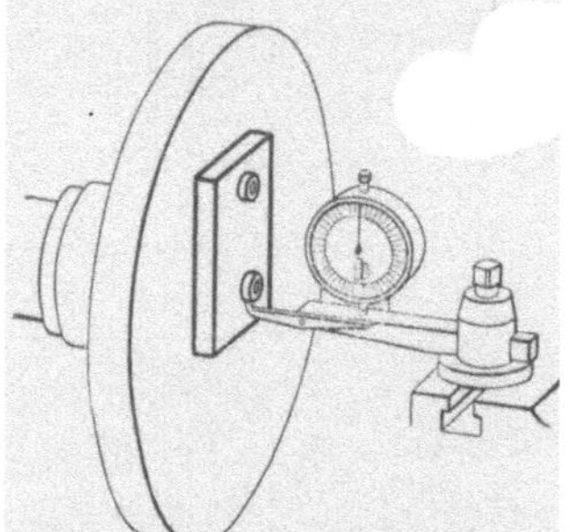

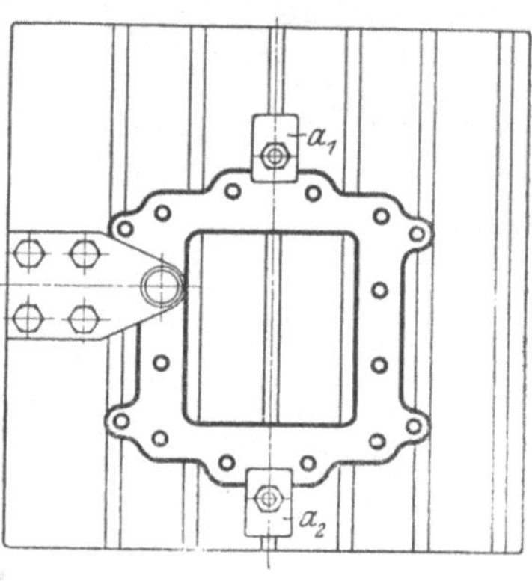

mit aufgeschraubten und
nach Endmaßen eingestell-
tenMeßbuchsen für die Herstellung nach dem Knopf-
verfahren

Bild 31. Ausrichten eines Lehrenkörpers auf der Drehbank bei Herstellung nach dem Knopfverfahren

Bild 32. Ausrichten eines Lehrenkörpers
auf einer Vorrichtung zum Bohren auf der
Bohrmaschine nach dem Knopfverfahren

gegen die Planscheibe und richtet mit der Meßuhr eine Buchse aus, bis sie schlagfrei läuft
(Bild 31). Sodann wird die Buchse abgeschraubt und das Loch auf den gewünschten Durchmesser aufgebohrt. Auf dieselbe Weise werden nacheinander alle Löcher fertiggestellt.

　　d) Knopfverfahren auf gewöhnlicher Bohrmaschine. Dieses Verfahren erfordert
bereits eine einfache Vorrichtung und einige Sonderwerkzeuge. Demgegenüber sind die erzielten
Vorteile jedoch ganz erheblich. Der Bohrschablonenkörper wird zunächst wie im vorigen Verfahren vorbereitet, also mit Meßbuchsen ver-
sehen, die mit Endmaßen ausgerichtet werden.
Der Vorteil gegenüber dem vorigen Verfahren
besteht darin, daß der Lehrenkörper erheblich
schneller ausgerichtet und ferner durch Gebrauch von geführten Sonderwerkzeugen auch
schneller ausgebohrt werden kann. Die erforderliche Vorrichtung besteht aus der Aufspannplatte a (Bild 32), dem Bohrbuchsenträger b und dem Ausrichtdorn c. Der Vorrichtungskörper wird zunächst lose unter den
Bohrbuchsenträger gelegt und durch den Ausrichtdorn, der in der Bohrbuchse genaue Führung hat und mit seiner Eindrehung am unteren Ende genau auf die Meßbuchse paßt, in der
richtigen Lage festgelegt und zum Schluß durch

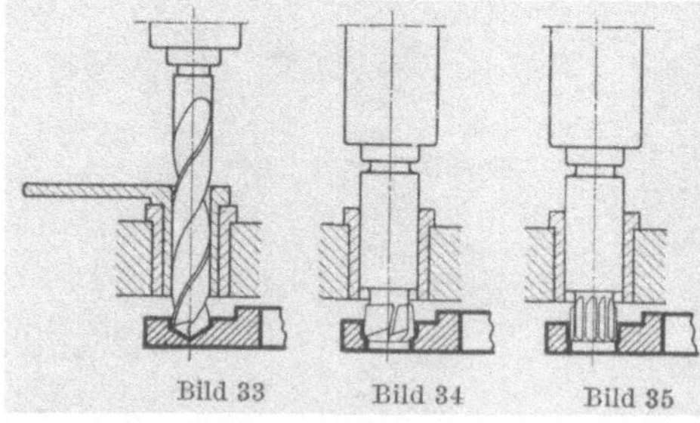

Bilder 33…35. Bohren, Senken und Reiben eines
Lehrenkörperloches nach dem Verfahren Bild 32

Spanneisen a_1 und a_2 festgespannt. Nach Entfernung der Meßbuchse wird nach dem in den Bildern 33 bis 35 dargestellten Verfahren zunächst mit dem Spiralbohrer vorgebohrt unter Benutzung einer Griffsteckbuchse, sodann mit dem Senker nachgebohrt und zum Schluß mit einer Reibahle fertiggerieben. Sowohl Senker wie Reibahle haben je einen besonderen Führungsschaft, der
spielfrei in die Führungsbuchse eingepaßt ist. Die so erzielte Genauigkeit genügt in den meisten
Fällen, wenn nicht gerade allerhöchste Anforderungen an die Bohrlehre gestellt werden.

　　e) Unmittelbare Endmaßeinstellung auf Bohrmaschinen. Zu diesem in Bild 36
dargestellten, bereits sehr genauen Verfahren gehört eine Aufspannplatte mit Werkzeugführung

und für jeden Lochdurchmesser je ein Satz Sonderbohrwerkzeuge und Meßdorne (Bilder 37 bis 39). Da für die verschiedenen Werkzeugsätze auch verschieden große Führungsbuchsen erforderlich sind, muß für deren schnelles Auswechseln gesorgt werden, ohne daß die schwere Aufspannplatte umgedreht werden muß. Deshalb sind die nitriergehärteten Führungsbuchsen an der Bundseite in der Bohrung mit einem Gewindeabsatz versehen, so daß sie mit einem Gewinderohr oder -dorn leicht herausgezogen werden können. Die Bohrmaschine muß einen festen Tisch und eine schlagfrei laufende und gut gelagerte Bohrspindel haben. Der Schablonenkörper wird zunächst auf einer anderen Maschine nach dem Anreißen mit einem Untermaß

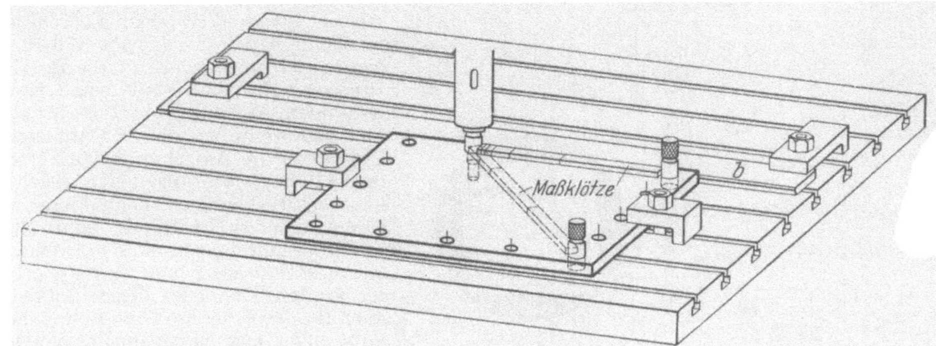

Bild 36. Unmittelbares Einstellen der Lochabstände durch Endmaße beim Bohren eines Lehrenkörpers mittels Bohrmaschine und Vorrichtung

von etwa 2 bis 3 mm vorgebohrt und sodann nach dem dargestellten Verfahren fertiggebohrt. Dazu wird zunächst das Anschlaglineal b (Bild 36) nach einem in die Bohrspindel eingeführten Meßdorn auf den richtigen Abstand der Lochreihe von der Schablonenkörperkante eingestellt. Sodann wird der Schablonenkörper mit Anschlag an dem Lineal so aufgespannt, daß zuerst ein Eckloch gebohrt werden kann.

Vor dem Bohren jedes weiteren Loches muß zunächst der genaue Lochabstand durch Endmaße eingestellt werden. Zu dem Zweck werden in das zuerst gebohrte Loch und in die Bohrspindel je ein Meßdorn eingeführt. Zur Erzielung einer geraden Lochreihe dient das aufgespannte Lineal, an dem der Lehrenkörper geradlinig verschoben wird. Bei unregelmäßig angeordneten Löchern fällt das Lineal natürlich fort. Selbstverständlich ist es, daß bei allen Messungen immer von dem zuerst gebohrten Loch ausgegangen werden muß, und daß dabei auch alle fertigen Ecklöcher berücksichtigt wer-

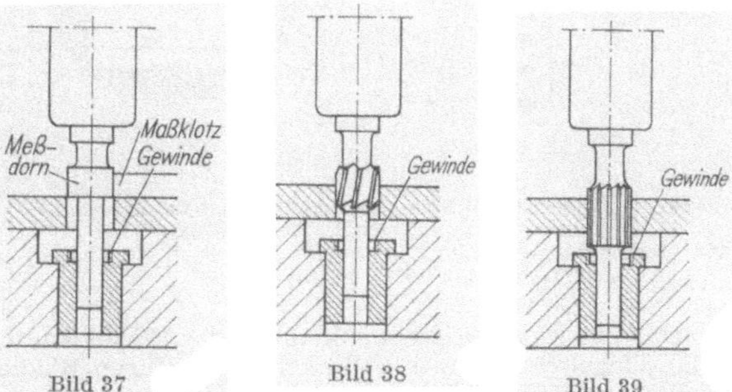

Bilder 37···39. Einstellen, Senken und Reiben eines vorgebohrten Loches im Lehrenkörper nach dem Verfahren Bild 36

den. Gegenüber dem vorigen Verfahren hat dieses den geringen Nachteil, daß die Löcher nicht schnell hintereinander gebohrt werden können und somit die Maschine längere Zeit besetzt wird.

f) Mit Waagerecht-Koordinatenbohrwerken ist es möglich, Bohrungen nicht nur in ihren Abmessungen und ihren Richtungen, sondern auch in ihren Lagen und ihren Abständen zueinander so genau ($\pm 0{,}01$ mm) herzustellen, daß die Bedingungen der Austauschbarkeit ohne weiteres erfüllt und Bohrvorrichtungen nicht mehr unbedingt nötig sind, wenn es sich um Einzelfertigung oder um geringe Stückzahlen handelt. Bei größeren Stückzahlen ist jedoch in vielen Fällen wegen des einfacheren Ausrichtens und Spannens des Werkstückes und der leichteren und genaueren Einstellung der Werkzeuge und der damit zu erzielenden Zeitersparnis sowie wegen der damit gegebenen Möglichkeit, einfachere und leichter zu handhabende Werkzeugmaschinen einzusetzen, die Anwendung zweckentsprechender Bohrvorrichtungen lohnend. Die Entscheidung, ob und in welchen Fällen dann wirtschaftlicher ohne oder mit Bohrvorrichtung gearbeitet wird, ist oft nicht leicht. Sie hängt wesentlich von den Gegebenheiten des Betriebes und dem Beschäftigungsgrad der entsprechenden Werkzeugmaschinen ab und sollte in jedem Fall durch eine sorgfältige Kalkulation unter Berücksichtigung von Stückzahl und Maschinen- sowie Vorrichtungskosten untermauert werden. Derartige Werkzeugmaschinen sind aber auch bei Nichtvorhandensein besonderer Lehrenbohrmaschinen ohne Einsatz von Hilfsmitteln gut für die Herstellung von größeren Bohrschablonen und Bohrvorrichtungen geeignet, falls an diese nicht gerade allerhöchste Ansprüche gestellt werden müssen. Für die Herstellung von kleineren Ring- und Zentrierbohrlehren eignen sie sich weniger.

Die *optische Meßeinrichtung* eines *Koordinatenbohrwerkes*, mit dem nahezu die Genauigkeit einer Lehrenbohrmaschine erzielt wird, zeigt Bild 40. Es eignet sich vorzüglich für die Bearbeitung von Bohrungen mit genau einzuhaltenden Abständen und Richtungen an Austauschteilen größerer Abmessungen, wenn die Anfertigung von besonderen Bohrvorrichtungen sich wegen zu kleiner Stückzahlen nicht lohnt. An einem solchen Bohrwerk kann auch mit Kopfbohrstangen ohne Verwendung eines Setzstockes genau genug gearbeitet werden. Daher ist dieses Bohrwerk auch für das Einbohren von Bohrlöchern an großen kastenartigen Bohrvorrichtungen besonders gut zu gebrauchen. Die „Micromess“ genannte Meßeinrichtung gestattet eine mühelose und sehr genaue Einstellung in den 3 Koordinatenrichtungen.

Zum Einstellen dient bei dieser Einrichtung ein durchleuchteter Glasmaßstab mit Millimetereinteilung. Die Teilstriche und Zahlen werden stark vergrößert auf Einstellschirme projiziert. Die Teilstriche erscheinen zwischen Doppelstrichen in der Projektionsebene. Auch die Zwischenwerte sind genau einzustellen. Diese Meßeinrichtung ist von bleibender Genauigkeit. Damit werden die einzelnen Stellungen im Koordinatensystem nach einem entsprechenden Koordinatenplan eingefahren. Das Anreißen entfällt. Ein Beispiel für einen Koordinatenplan zeigt Bild 1.

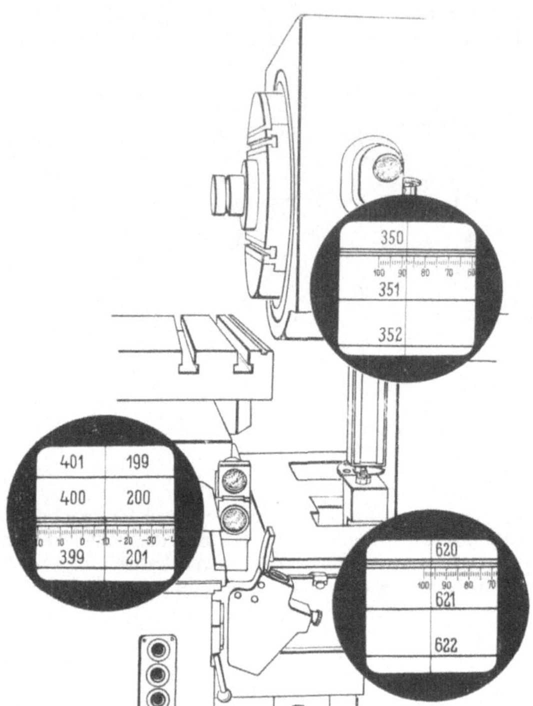

Bild 40. Optische Einrichtung „Micromess“ eines Koordinatenbohrwerkes (Scharmann, Rheydt Rhld.) Oben senkrechte Verstellung des Spindelkastens, Mitte Tischverschiebung quer und unten längs

Optische Winkelmeßgeräte erlauben das Einstellen des Drehtisches mit Zwischenwerten von je 30 Winkelsekunden, so daß auch in beliebigen Winkeln zueinander liegende Bohrungen bearbeitet werden können.

g) Durch Anwendung geeigneter Kreuz- und Kreisteiltische kann man starre Ständerbohrmaschinen oder auch Senkrechtfräsmaschinen mit kräftiger Spindel aushilfsweise als Lehrenbohrmaschinen verwenden, mit denen man flache Bohrlehren, aber auch Bohrvorrichtungen verhältnismäßig genau herstellen kann, falls diese nicht Bohrungen enthalten sollen, die nicht parallel zueinander liegen. Bei Verwendung von Kreuztischen bedarf es hierzu keinerlei Vorbereitung, während bei Verwendung von Kreisteiltischen lediglich der Lochkreis angerissen werden muß. Die Kreuz- und Kreisteiltische, die ja als Gemeinvorrichtungen anzusehen sind, können in den verschiedensten Ausführungen handelsüblich bezogen werden.

Die *Kreuztische* verwendet man vorzugsweise zum Bohren von Löchern nach dem Koordinatensystem. Es gibt Kreuztische, die nach Noniusskalen eingestellt werden und eine Genauigkeit von 0,02 mm Toleranz zulassen, und es gibt andere, die nach Endmaßen oder wie der in Bild 41 gezeigte optisch eingestellt werden und mit denen eine Genauigkeit innerhalb einer Toleranz von 0,01 mm erreicht werden soll.

Für besonders genaue Lehrenbohrarbeiten, die in Ermangelung einer Lehrenbohrmaschine auf den oben erwähnten starren Werkzeugmaschinen hergestellt werden sollen, ist der in Bild 42 gezeigte sog. „M-O“-Kreuztisch besonders gut geeignet. Durch den Einbau der genauen „Schneeberger“-Gleitschienen besitzt er viele technische und wirtschaftliche Vorzüge. Bild 43 zeigt das

System: Die Gleitschienen sind in den genau parallel bearbeiteten Winkelecken der Tische durch die Imbusschraube g einjustiert. Als Bewegungsträger dienen nach einem besonderen Verfahren hergestellte Rollen h, die in einem Käfig kreuzförmig angeordnet sind und in den Prismen der durchgehärteten Gleitschienen laufen. Die M-O-Kreuztische können mit jeder Art von Meßgeräten ausgerüstet werden: pneumatische, elektrische oder mechanische Fühlhebel,

Lünetten und Zielmikroskope oder Eichmaße aller Art; damit sollen Genauigkeiten innerhalb einer Toleranz von 0,001 mm auf je 100 mm Länge zu erzielen sein.

Für die Herstellung von Bohrschablonen mit gleichmäßig oder auch ungleichmäßig auf einem Lochkreis verteilten Löchern auf den oben genannten gewöhnlichen Werkzeugmaschinen sind *Kreisteiltische* vorteilhaft zu verwenden. Wie erwähnt, müssen allerdings die Lochkreise solcher Bohrlehren dafür angerissen werden. Die hierdurch bedingte Ungenauigkeit spielt aber im allgemeinen keine Rolle, da ja solche Lehren in der

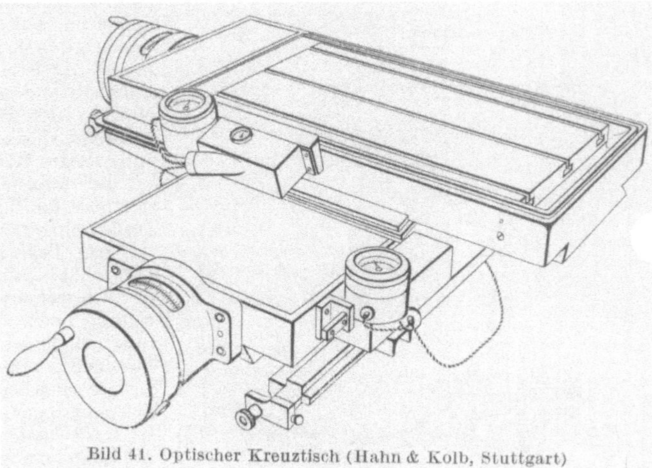

Bild 41. Optischer Kreuztisch (Hahn & Kolb, Stuttgart)

Regel für die Flansch- bzw. Verbindungsflächen der beiden jeweils zusammenzusetzenden Werkstücke gebraucht werden. Wenn jedoch mehrere gleiche solcher Bohrlehren für die Fertigung

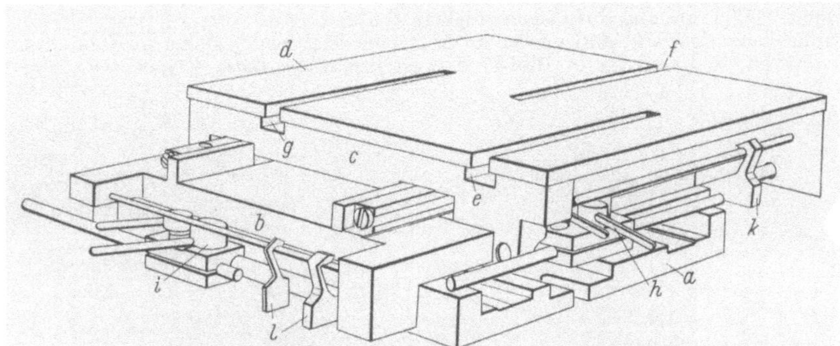

Bild 42. M-O-Kreuzrolltisch (Machines-Outils Montreuil/Seine).
a, b, c Tische; *d* gehärtete Stahlplatte mit einer Nickelschicht als Rostschutz; *e, f, g* T-Nuten;
h, i Klemmsysteme; *k, l* BTB-Hänge-Endmaße (gegen Korrosion geschützt)

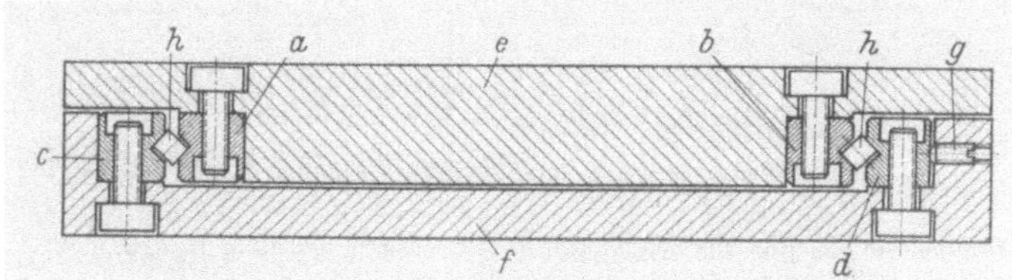

Bild 43. Gleitschienen für den M-O-Kreuztisch Bild 42.
a–d Gleitschienen; *e* Obertisch; *f* Untertisch; *g* Justierschraube; *h* Gleitrollen

austauschbar herzustellender Werkstücke in verschiedenen Werkstätten gebraucht werden müssen, kann man sich in Ermangelung einer Lehrenbohrmaschine mit der in Abschn. 21 beschriebenen Sondervorrichtung Bild 50 gut helfen.

Der in Bild 44 gezeigte *Kreisteiltisch mit Korrektureinrichtung* hat sich bestens bewährt. Für das Kreisteilen wird hier das indirekte Teilen mittels Teilrad und Teilschnecke angewendet. Hat z. B. das genau verzahnte Teilrad 180 Zähne, so entspricht eine Umdrehung der eingängigen Teilschnecke 1/180 Drehung der Planscheibe, das ist 360:180 = 2°. Die Teilschnecke ist radial und axial auf ein ganz geringes Zahnspiel einstellbar. Durch eine Reihe konstruktiver Einzelheiten, auf die hier nicht näher eingegangen werden kann, ist die Arbeitsgenauigkeit dieses Kreisteiltisches auf einen besonders hohen Stand gebracht. Zusatzeinrichtungen sind in den Bildern 45 und 46 dargestellt, während Bild 47 eine schwenkbare Ausführung dieses Kreisteiltisches zeigt.

Bei *ungleichmäßiger Lochteilung* verwendet man die für das Kreisteilen nach *Winkelmaßen* eingerichtete *Meßtrommel* Bild 45. Sie ist, um Teilarbeiten stets mit einer vollen Gradzahl beginnen zu können, verstellbar auf der Schneckenwelle angeordnet. Ihre Skalenteilung beträgt 0,5″ = 30′. Der 30teilige Nonius (Skalenwert 1″) erstreckt sich über $^1/_4$ des Meßtrommelumfangs.

Bei *gleichmäßiger Teilung* verwendet man zweckmäßiger die *Lochscheibeneinrichtung* nach *Teilzahlen* (Bild 46). An Stelle der Noniusscheibe *e* in Bild 45 sind hier Lochscheibe *b* und Teilschere *c* am Korrekturgehäuse befestigt. Die Teilkurbel *g* mit Griffhülse und Raststift *d* tritt an die Stelle der Meßtrommel *f*.

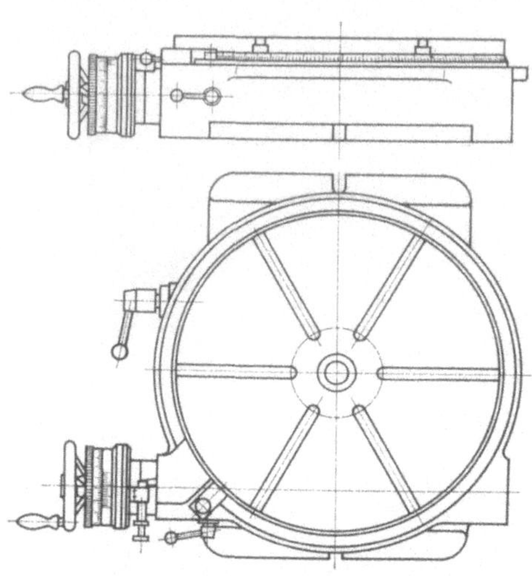

Bild 44. Kreisteiltisch mit Korrektureinrichtung
(Hahn u. Kolb, Stuttgart)

Die *Plangenauigkeit* des Kreisteiltisches (Bilder 44 bis 46) beträgt 0,01 mm, die Zentriergenauigkeit 0,0005 mm und die Teilgenauigkeit ± 5″.

Kommt es häufiger vor, daß schräg zur Mittelachse laufende Löcher in Bohrlehren gebohrt werden müssen, so kann der in Bild 47 dargestellte *schwenkbare Kreisteiltisch* sehr nützlich

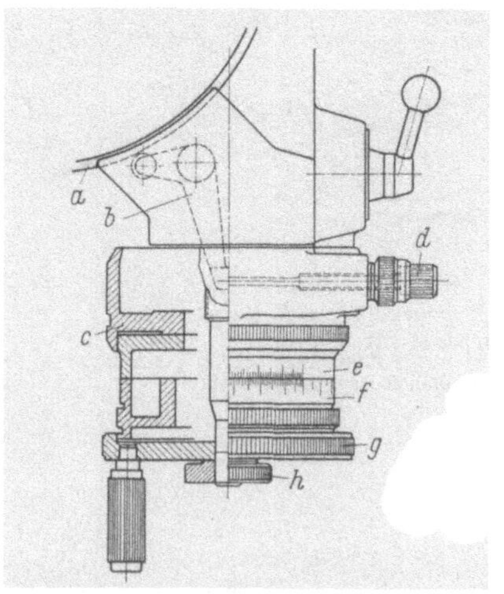

Bild 45. Meßtrommel mit Nonius für Kreisteiltisch
a Korrekturrand; *b* Korrekturhebel; *c* Gehäuse; *d* Feineinstellung; *e* Noniusscheibe; *f* Meßtrommel (verstellbar); *g* Handrad; *h* Rändelmutter

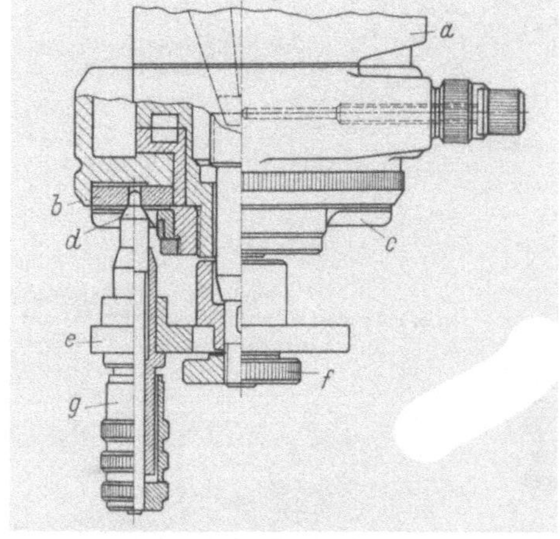

Bild 46. Lochscheibeneinrichtung für Kreisteiltisch
a Unterteil; *b* Lochscheibe; *c* Teilschere; *d* Raststift; *e* Teilkurbel; *f* Rändelmutter; *g* Griffhülse

sein. Dieser sonst mit dem Bild 44 identische Teiltisch kann feinfühlig mittels Schnecke und Schneckenrad um die Achse *a–a* geschwenkt werden. Eine am Unterteil angebrachte Skala und ein parallexfrei angeordneter Nonius zeigen die Schwenkbewegung an. Eine schwenkbare

Lupe erleichtert die genaue Ablesung der Skalen. Für die Endstellungen 0 und 90° sind Meßuhrhalter angebracht.

In vielen Betrieben hat man heute keine Ständerbohrmaschinen mehr und führt alle Bohrarbeiten auf den in jeder Beziehung praktischer zu handhabenden Radialbohrmaschinen aus, die aber an sich für Lehrenbohrarbeiten nicht geeignet sind, weil der Schwenkarm durch die Bohrkraft aufgebogen wird und das Bohrwerkzeug dabei die Richtung verliert. Wie ein Betrieb, der kein Lehrenbohrwerk besitzt und auch nicht in der Lage ist, eine entsprechende Fräsmaschine für Schablonenbohrarbeiten einzusetzen, behelfsmäßig eine Radialbohrmaschine durch Abstützung des Bohrarmes in Verbindung mit Kreuz- und Kreisteiltisch zum Lehrenbohren einrichten kann, zeigt Bild 48. Der Bohrschlitten a bleibt beim Koordinatenbohren

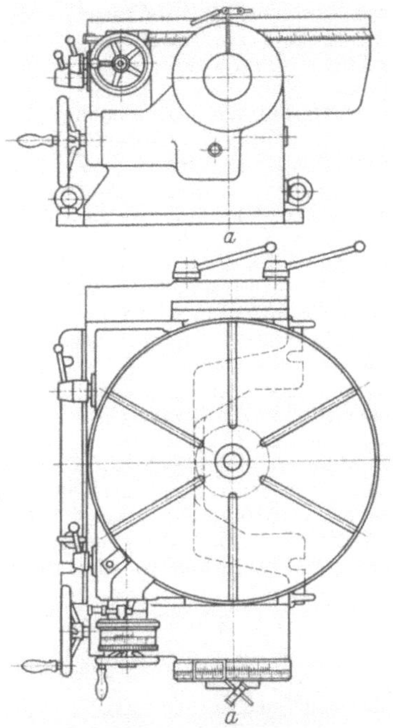

Bild 47. Schwenkbarer Kreisteiltisch mit Korrektureinrichtung (Hahn u. Kolb, Stuttgart)

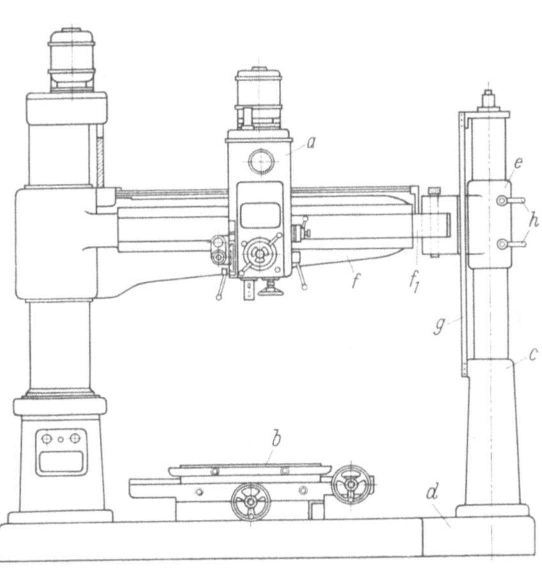

Bild 48. Radialbohrmaschine mit Stützsäule und Lehrenbohrtisch eingerichtet zum Koordinatenbohren (Webo, Düsseldorf)

a Bohrschlitten; b Lehrenbohrtisch; c Stützsäule; d Grundplattenverlängerung; e Justierkopf; f Bohrarm; f_1 angearbeitetes Paßende des Bohrarmes; g Anschlagschiene; h Klemmung

festgeklemmt stehen, da die Zustellung des aufgespannten Werkstückes auf Bohrspindelmitte durch den Lehrenbohrtisch b erfolgt. Die Stützsäule c ist hier in Form einer kräftigen Rundsäule auf die verlängerte Grundplatte d der Bohrmaschine gesetzt. Der durch Gegengewicht ausgeglichene Gegenhalter e ist an der Stützsäule zwangsläufig durch das Heben und Senken des Bohrarmes f verstellbar, da dieser mit seinem am äußeren Ende anzuarbeitenden Paßstumpf f_1 in eine entsprechende Ausfräsung des Gegenhalters eingeschwenkt und hier durch Paßbolzen befestigt ist. Um die Bohrspindel in die genau rechtwinklige Stellung zum Bohrtisch zu bringen, ist eine Anschlagschiene g mit großem Widerstandsmoment vorgesehen, gegen die der Gegenhalter zur Anlage kommt und in diesem Zustand an der Stützsäule festgeklemmt werden kann.

h) **Lehrenbohrmaschinen** werden heute so vervollkommnet auf den Markt gebracht, daß mit ihnen die Bohrschablonen nicht nur sehr viel schneller als bei allen anderen Verfahren, sondern bezüglich der Lochabstände und der Lochdurchmesser mit jeder gewünschten Genauigkeit hergestellt werden können. Darüber hinaus kann man aber auch an Formbohrlehren und sonstigen Lehren aller Art runde und eckige Formen mit solcher Genauigkeit ausfräsen, daß auch dort, wo es auf die größtmögliche Genauigkeit ankommt, keine Nacharbeit von Hand mehr erforderlich ist. Durch die Verbindung von Bohr- und Fräsarbeiten am gleichen Werkstück und besonders auch in einer Aufspannung kann auch an sonstigen in Einzelfertigung oder in kleinen Stückzahlen genau herzustellenden Maschinenteilen sehr viel teure Werkzeugmacherarbeit erspart werden. Diesen Umstand dürfen die Betriebe nicht unberücksichtigt lassen, die darüber im Zweifel sind, ob sich eine Lehrenbohrmaschine wegen der zu wenig anfallenden Lehrenbohrarbeit bezahlt macht.

Für Lehren- und Schablonen- sowie Bohrvorrichtungsarbeiten bis zu den größten vorkommenden Abmessungen ist eine Zweiständer-Lehrenbohrmaschine erforderlich. Bild 49 zeigt eine solche der modernsten Ausführung, die neuerdings auch mit numerischer Streckensteuerung geliefert wird. Die Eingabe der Koordinatenwerte erfolgt an einer solchen Maschine entweder über dekadische Vorwählschalter oder programmiert über einen Lochstreifen. Außerdem ist es möglich die Schlitten von Hand bzw. über druckknopfgesteuerte Motoren zu verstellen. Die Positionswerte werden in sechsstelligen Leuchtziffern dargestellt. Die kleinste Anzeigeneinheit beträgt 0,001 mm. Beim Arbeiten mit Lochstreifen werden nicht nur der Istwert, sondern auch die Satz- und Werkzeugnummern in Leuchtziffern angezeigt, so daß der Bedienende den Arbeitsablauf an Hand eines Programmblattes ständig überwachen kann. Diese Maschine ist daher für das Bohren von Schablonen und Vorrichtungen wie auch für das Bohren von Werkstücken sehr hoher Präzision ohne Vorrichtungen selbst bei größeren Stückzahlen hervorragend geeignet.

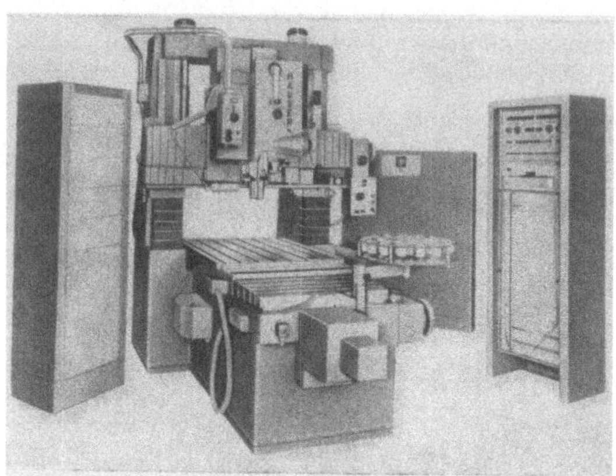

Bild 49. Zweiständer-Koordinaten-(Lehren-)Bohrmaschine
(Hahn & Kolb, Stuttgart)

Ein fester und ein (oder nur ein) schwenkbarer Kreisteiltisch (ähnlich dem von Bild 47) für das Arbeiten mit Polarkoordinaten (s. Bild 2), eigens für Lehrenbohrmaschinen gefertigt, gehören als Sonderausrüstung dazu. Diese Tische sind zum Teilen sowohl mit einer Teiltrommel als auch mit Lochscheiben ausgerüstet. Die Ablesegenauigkeit am Nonius der Teiltrommel beträgt 1″. Der Schwenkwinkel des schwenkbaren Kreisteiltisches kann mit Hilfe eines Nonius an einer großen Teilscheibe auf 5′ genau abgelesen werden. Reicht diese Genauigkeit nicht aus, so kann durch Verwendung einer vorgesehenen Sinusmeßtrommel unter Benutzung normaler Endmaße der Schwenkwinkel außerordentlich genau eingestellt werden.

21. Ring- und Zentrierbohrschablonen.

Es handelt sich hier um die häufigste Art der Bohrlehren, in denen die Bohrbuchsenlöcher im Kreise in gleicher oder ungleicher Teilung angeordnet sind. Sofern kein Lehrenbohrwerk für die Herstellung zur Verfügung steht, wird es sich

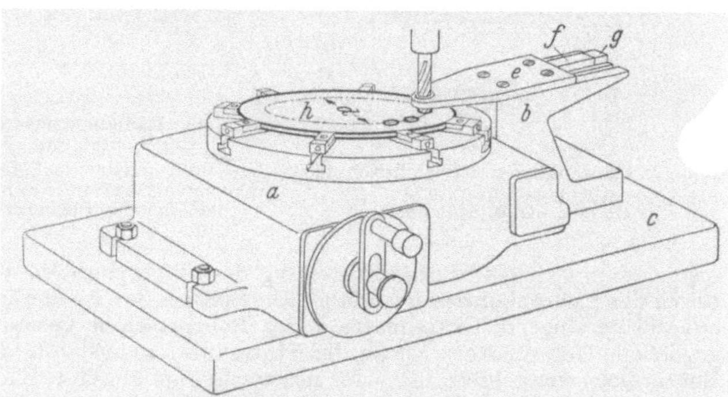

Bild 50. Ringbohrlehrenbohrvorrichtung
a u. b auf Grundplatte c fest aufgeschraubt; e Bohrbuchsenträger auf b verstellbar angeordnet; f Endmaß zwischen e und festem Anschlag g, h Werkstück

doch in manchen Betrieben lohnen, eine Sondervorrichtung anzuschaffen, die in diesem Falle stets die gleichwertige Arbeit wie eine Lehrenbohrmaschine leistet und im Vergleich zu dieser nur wenig kostet.

Die in Bild 50 dargestellte Einrichtung besteht in der Hauptsache aus einer kräftigen Grundplatte, auf die ein Kreisteiltisch mit Lochscheibeneinrichtung (Bilder 44 und 47) und verstellbar ein recht kräftiger Bohrbuchsenträger gesetzt ist. Diesen kann man mit Hilfe von Endmaßen, die man zwischen einen Anschlag und den Bohrbuchsenträger legt, auf den jeweils gewünschten Lochkreis einstellen. Der Bohrbuchsenträger ist mit einer Bohrbuchse versehen, die man gegen andere auswechseln kann. Gebohrt wird wie in dem bei den Bildern 33 bis 35 beschriebenen Verfahren. Eine Gewähr für die Güte der Arbeit muß hauptsächlich der Kreisteiltisch bieten. Verwendet man eine Sonderausführung, wie sie für die Lehrenbohrwerke mit allen Genauigkeitseinrichtungen hergestellt wird, so hat man eine sehr vollkommene Einrichtung.

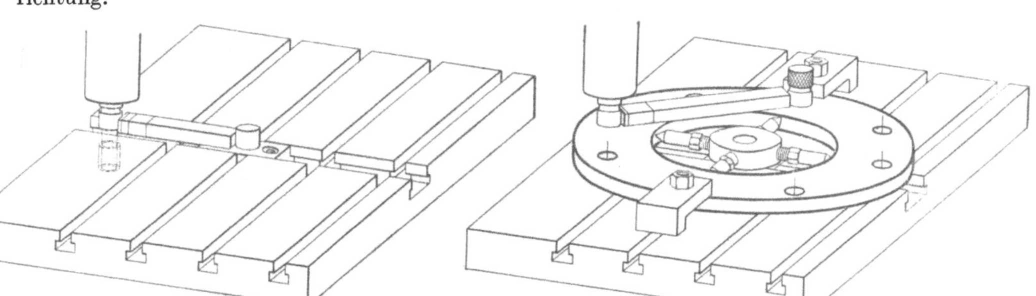

Bild 51. Einstellen des Zentrierzapfens einer Zentrierlehrenbohrvorrichtung auf den Lochkreishalbmesser durch Parallelendmaße

Bild 52. Einstellen der Lochabstände durch Parallelendmaße beim Bohren eines Zentrierlehrenkörpers

Ein mehr *behelfsmäßiges Verfahren* zeigen noch die Bilder 51 und 52. Es entspricht dem für einfache Formbohrlehren (Bilder 36 bis 39) mit dem Unterschied, daß der Lehrenkörper um einen Mittelzapfen gedreht wird. Dieser Zapfen ist in der Aufspannplatte verstellbar und wird durch Maßklötze von der Werkzeugführung ausgehend auf genauen Lochkreishalbmesser eingestellt. Sowohl Meßdorn wie Mittelzapfen sind selbstverständlich gehärtet und auf einheitliches Maß geschliffen. Nach dem Einstellen des Mittelzapfens (Bild 51) wird der nach Anriß vorgebohrte Lehrenkörper auf dem Mittelzapfen zentrisch durch einen Stern ausgerichtet, bis er schlagfrei läuft, und so festgespannt, daß zunächst *ein* Loch gebohrt werden kann. Zum

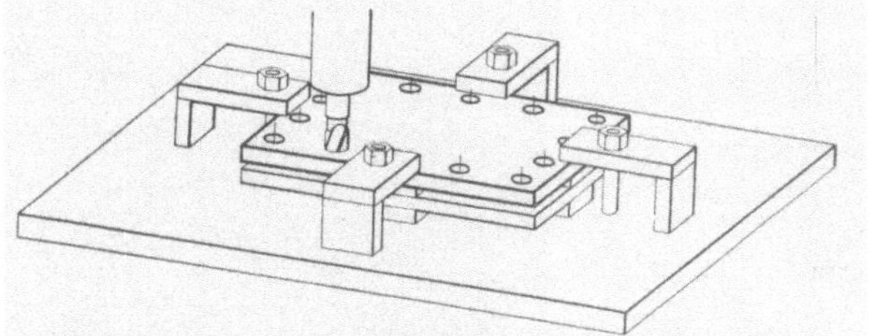

Bild 53. Abbohren eines Bohrschablonenkörpers nach einer Urschablone

Bohren der weiteren Löcher wird in das bereits fertiggestellte Loch ein Meßdorn gesteckt und die gerade Entfernung zum nächsten Loch, die Sehne, im Teilkreis durch Maßklötze eingestellt (Bild 52). Zur Erzielung einer größeren Genauigkeit bei einer größeren Anzahl von Löchern ist es zweckmäßig, zunächst einige Löcher zu überspringen, sonst kann es vorkommen, daß sich die Fehler der einzelnen Lochteilungen zu einem unzulässigen Wert addieren.

22. Herstellung von Bohrschablonen nach einer Urschablone. Bisweilen ist es notwendig, ohne Lehrenbohrmaschine in genauer Übereinstimmung mit einer bereits vorhandenen Bohrschablone weitere Bohrschablonen herzustellen, entweder, um sie im eigenen Betriebe zur Steigerung der Fertigung zu verwenden, oder um in getrennten Betrieben die gleiche Art Werkstücke bohren zu können. Letzteres ist oft der Fall bei Verteilung größerer staatlicher Aufträge auf mehrere Fabriken. Diese Bohrschablonen stellt man billig und in genauer Übereinstimmung dadurch her, daß man sie nach der bereits vorhandenen Bohrschablone abbohrt, die dann mit *Urbohrschablone* bezeichnet wird.

Zunächst wird der neue Schablonenkörper nach der Urschablone wie ein gewöhnliches Werkstück mit einem Spiralbohrer vorgebohrt und sodann ohne Urschablone auf ein Untermaß von etwa 1 bis 1,5 mm aufgebohrt. Der weitere Vorgang ist in den Bildern 53 und 54 dargestellt. Auf einer auf dem Bohrmaschinentisch beweglichen Platte werden

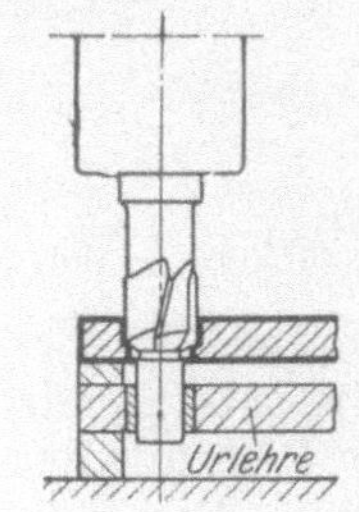

Bild 54. Aufbohren eines vorgebohrten Schablonenkörperloches durch einen in der Urschablone geführten Zapfensenker

Urschablone und Schablonenkörper mit entsprechenden Zwischenräumen für den Werkzeugauslauf genau übereinander aufgespannt, so daß sich die Lochmitten der Urschablone mit denen der vorgebohrten Löcher des Schablonenkörpers decken. Die Urschablone kommt dabei nach unten. Mit einem Zapfensenker (Bild 54) und einer gewöhnlichen Maschinenreibahle werden dann die Löcher im neuen Schablonenkörper fertiggebohrt bzw. gerieben. Bei sehr hohen Genauigkeitsanforderungen muß auch eine Zapfenreibahle an Stelle der gewöhnlichen Maschinenreibahle verwendet werden. Die Bohrmaschinenspindel muß selbstverständlich genau senkrecht zum Tisch stehen.

23. Vorrichtungskörper für ortsfeste Vorrichtungen. Im Abschn. 6 wurde unter. Darlegung der Gründe schon darauf hingewiesen, daß heute, von gewissen Ausnahmen abgesehen, fast alle Vorrichtungskörper aus grob zugerichteten Stahlplatten und Profilstücken zusammengeschweißt werden. Da es sich bei Vorrichtungen in der Regel nicht um hochbelastete oder temperaturbeanspruchte Bauteile handelt, hat die Auswahl der in Betracht kommenden Schweißverfahren nicht nach der erzielbaren Festigkeit zu erfolgen, sondern in erster Linie muß die Einwirkung auf

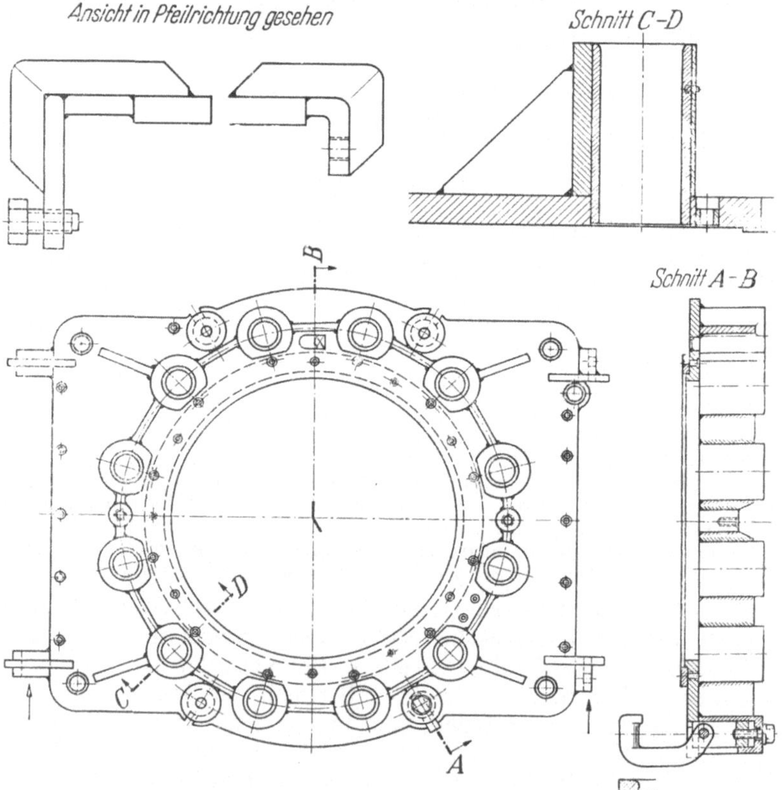

Bild 55. Lichtbogengeschweißte Bohrschablone für Zylinder von Großmotoren

die entstehenden *Spannungen* berücksichtigt werden. Diese werden um so größer in Richtung der Naht, je schroffer die Temperatur in das Blech hinein abfällt, und in der Richtung quer zur Naht, je weiter die Erwärmungszone in das Blech hineinreicht. Bei der Gasschmelzschweißung treten die größten Spannungen auf; beim elektrischen Lichtbogenschweißen sind die auftretenden Spannungen wesentlich geringer. Aus diesem Grunde und wegen seiner einfachen Handhabung hat sich dieses Verfahren[1] allgemein im Vorrichtungsbau durchgesetzt; bei der Verwendung ummantelter Elektroden und beim Schutzgasschweißen werden die Spannungen noch kleiner. Beim Schweißen selbst geht man so vor, daß man die einzelnen Nähte zunächst nur heftet und erst dann vervollständigt, wenn nachgeprüft ist, daß alle Teile richtig sitzen (s. DIN 1910 Bl. 1 bis 3).

Um unnötigen einseitigen Verzug zu vermeiden, vervollständigt man längere Schweißnähte nicht auf einmal, sondern unter dauernder Beobachtung des Verzuges mit geeigneten Hilfsmitteln, wie Wasserwaagen, Linealen, Richtwinkeln u. dgl., dabei schweißt man die Nähte und besonders Doppelnähte abwechselnd. Wie schon im Abschn. 12 erwähnt, müssen für größere Vorrichtungen bei der Vorbereitung der Einzelteile zum Schweißen gewisse Zugaben für die unvermeidlichen Schrumpfspannungen vorgesehen werden, damit man bei der Bearbeitung noch die vorgeschriebenen Maße einhalten kann. Bild 55 zeigt einen lichtbogengeschweißten Vorrichtungskörper. Vor der Bearbeitung sind die Spannungen durch sachgemäßes Glühen mit einer Erwärmung auf 600 bis 650°C zu beseitigen. Nach dem Glühen des fertig geschweißten Körpers ist es zweckmäßig, ihn durch Sandstrahlen von dem Glühspan zu befreien.

24. Vorrichtungskörper für handbewegte Vorrichtungen. Handbewegte Vorrichtungen (Bohrschablonen, Kippbohrspannvorrichtungen) müssen so leicht wie möglich sein. Die Vorrichtungskörper werden daher aus Leichtmetall gegossen, wenn sie vielgestaltig und sperrig sind und nicht am Schwenkbock (s. Abschn. 51) angebracht werden können, was aber meistens vorzusehen ist, so daß dann die aus Blechen und Rohren zusammengeschweißte Ausführung heute meistens vorgezogen wird. Flache Bohrschablonen aber, die beim Spannen immer von Hand bewegt werden müssen, werden vorzugsweise aus dem sehr leichten Hartpapier hergestellt, während ein etwaiger dazugehöriger Grundkörper als Schweißkonstruktion ausgeführt wird. Ein Beispiel zeigt Bild 56. Während der Unterteil a als feststehende Spannvorrichtung in Schweißkonstruktion ausgeführt ist, besteht der Oberteil b aus Hartholz, in das die Bohrbuchsen eingepreßt worden sind.

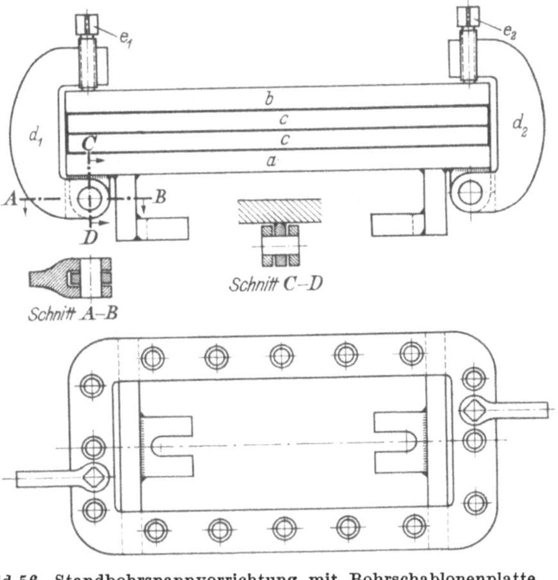

Schließlich können Vorrichtungskörper aber auch teils aus Leichtmetall und teils aus dem Preßstoff hergestellt werden, und zwar aus Leichtmetall so weit, wie es die Starrheit verlangt. Verschlußdeckel und -klappen, soweit sie mit der eigentlichen Starrheit nichts zu tun haben, können aus Preßstoff oder Preßholz bestehen.

Aber auch an den ortsfesten, als Schweißkonstruktion oder aus Gußeisen ge-

Bild 56. Standbohrspannvorrichtung mit Bohrschablonenplatte aus Hartpapier

a Grundkörper in Schweißkonstruktion; b Bohrschablone aus Hartpapier; c Werkstücke (2 Deckelflansche für Keilflachschieber); d_1 u. d_2 Spannbügel, am Grundkörper a angelenkt; e_1 u. e_2 Spannschrauben

---

[1] Siehe Werkstattbücher Heft 43, KLOSSE, E.: Das Lichtbogenschweißen, 5. Aufl. 1964, und Werkstattbücher Heft 74, HESSE, R.: Praktische Regeln für den Elektroschweißer, 4. Aufl. 1958.

fertigten Standvorrichtungen kann man die Teile, die leicht sein müssen, also die klappenförmig angebrachten Bohrbuchsenträger, aus Hartpapier herstellen. Ein Beispiel dafür zeigt Bild 86. Da es sich hier um eine sehr umfangreiche Doppelbohrspannvorrichtung handelt, ist das Herumklappen der aus Hartpapier gefertigten, leichten Bohrlehrenklappe c nach links oder rechts, wie es abwechselnd zu geschehen hat, mühelos.

25. Bohrspannvorrichtungen bestehen in der Regel hauptsächlich aus einem winkel- oder kastenförmigen Körper, der entweder aus einzelnen Teilen zusammengeschraubt, meistens aber zusammengeschweißt, oder auch aus einem Stück mit entsprechender Form gegossen wird. Die wichtigste und am sorgfältigsten auszuführende Arbeit ist in jedem Falle dabei das Bohren der Löcher für die Werkzeugführungen und für die Werkstückaufnahmedorne und Zentrierungen. Sofern

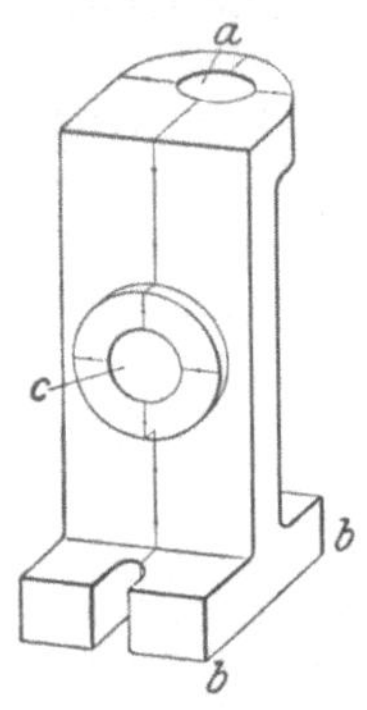

Bild 57. Vorrichtungskörper, angerissen zum Ausbohren von von zwei Löchern mit sich senkrecht in gleicher Ebene schneidenden Lochachsen

nun im ersten Falle die mit Löchern zu versehenden Teile aus geraden Platten bestehen, kann man sie natürlich ohne weiteres nach den bisher besprochenen Verfahren für die Herstellung der Bohrschablonen einzeln herstellen und nach dem Bohren erst zu einem Winkel oder Kasten zusammenfügen. Die genaue Lage der Platten zueinander mit Bezug auf die fertiggebohrten Löcher hat dann der Werkzeugmacher zu bestimmen. Das kann, wie bereits im vorigen Abschnitt erwähnt, nur in besonderen Fällen bei kleineren Vorrichtungen geschehen. Bei allen andern müssen die Löcher in den winkel- oder kastenförmigen Körper gebohrt werden. Das Bohren ist dann naturgemäß bedeutend schwieriger und erfordert mehr Überlegung; denn es ist auch auf die Lage der Löcher in den verschiedenen Wänden zueinander zu achten. Ferner muß auch die Richtung der Löcher zu den Auflageebenen des Vorrichtungskörpers genauestens eingehalten werden, besonders bei der Herstellung von doppelten Werkzeugführungen in gegenüberliegenden Wänden. Im nachfolgenden werden an Beispielen Hinweise für eine sachgemäße Herstellung gegeben. Dabei soll zunächst angenommen werden, daß eine Lehrenbohrmaschine entweder gar nicht oder nicht in der erforderlichen Größe vorhanden ist.

a) Bohren rechtwinklig in gleicher Ebene sich kreuzender Löcher. An dem in Bild 57 dargestellten Körper für eine Standbohrspannvorrichtung muß das Bohrbuchsenloch a genau senkrecht zur Fläche b verlaufen und ferner genau unter 90° und in gleicher Ebene

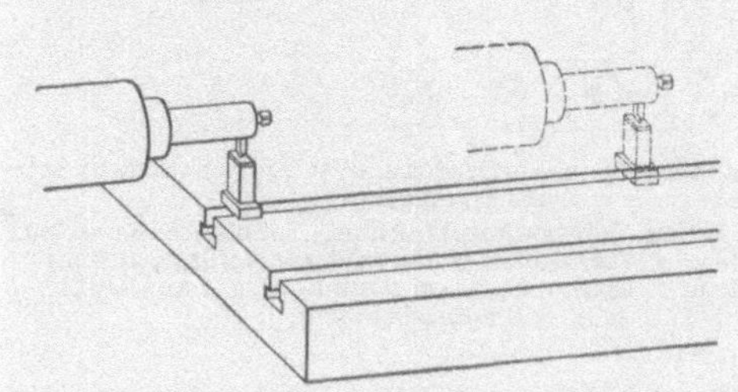

Bild 58. Prüfen des Bohrwerktisches auf Parallelität zur Bohrstange

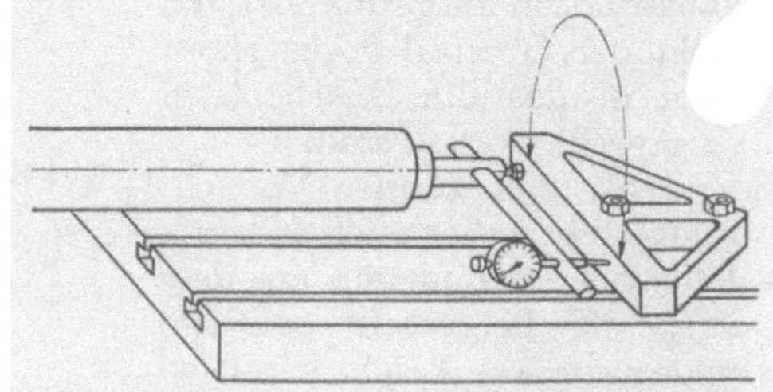

Bild 59. Prüfen eines aufgespannten Spannkreuzes auf rechtwinklige Lage zur Rohrspindel

das Zentrierzapfenloch c schneiden. Das ist am besten dadurch zu erreichen, daß man den Körper beim Bohren auf eine Seite legt und nach dem Bohren des ersten Loches entweder auf dem Maschinentisch um 90° dreht, oder den Tisch zusammen mit dem Werkstück dreht. Die Auflageseite muß vorher aber genau rechtwinklig zu der Grundfläche b abgerichtet und der Tisch vor dem Aufspannen des Werkstückes auf seine genau *parallele Lage* zur Maschinenspindel geprüft werden.

Das geschieht durch Einstellen der Maschinenspindel des Bohrwerkes auf die richtige Höhe und Festklemmen des Spindelkastens in der üblichen Weise. Man verschiebt nun wie in Bild 58 die Maschinenspindel in die beiden Endstellungen auf dem Tisch und prüft in diesen die jeweilige Höhe vom Tisch aus durch Unterschieben von Maßklötzen. Man spannt dazu, wie auch dargestellt, eine Bohrstange mit Bohrstahl ein, dessen Spitze als Ausgangspunkt beim Messen benutzt wird. Wird nun eine Abweichung festgestellt, so muß diese erst beseitigt werden. Manchmal rührt sie nur daher, daß die Schlittenführung des Spindelkastens auf dem Ständer verschmutzt ist und erst gereinigt werden muß; bisweilen kann man die Maschinenspindel auch dadurch genau einregulieren, daß man entweder die untere oder die obere Klemmschraube stärker anzieht.

Eine weitere vorbereitende Maßnahme nach dem Prüfen ist noch das Aufspannen eines *Spannkreuzes* als Anschlag für das Werkstück. Das Spannkreuz bzw. dessen Anschlagkante erhält die erforderliche rechtwinklige Lage durch eine Führung in der Spannute des Tisches. Für gewöhnliche Arbeiten genügt diese Genauigkeit meistens, für den Vorrichtungsbau muß sie jedoch besonders nachgeprüft werden. Wie das geschehen kann, zeigt Bild 59. In die Bohrstange wird eine Stange mit Meßuhr eingespannt und die Bohrspindel um den angedeuteten Winkel gedreht. In den beiden Endstellungen muß die Meßuhr an der Anschlagfläche des Spannkreuzes den gleichen Ausschlag zeigen. Kleine Ungenauigkeiten kann man, da die Führung in der Spannut in der Regel doch etwas Spiel hat, durch Hammerschläge in entsprechender Richtung beseitigen. Vor dieser Prüfung darf man jedoch nicht vergessen, ein etwaiges axiales Spiel der Maschinenspindel zu beseitigen. Die oben erläuterten Prüfarbeiten kann man natürlich unterlassen, wenn ein Waagerecht-Koordinatenbohrwerk oder dauernd die gleiche Maschine, deren Genauigkeit genügend erprobt ist, für derartige Arbeiten zur Verfügung steht.

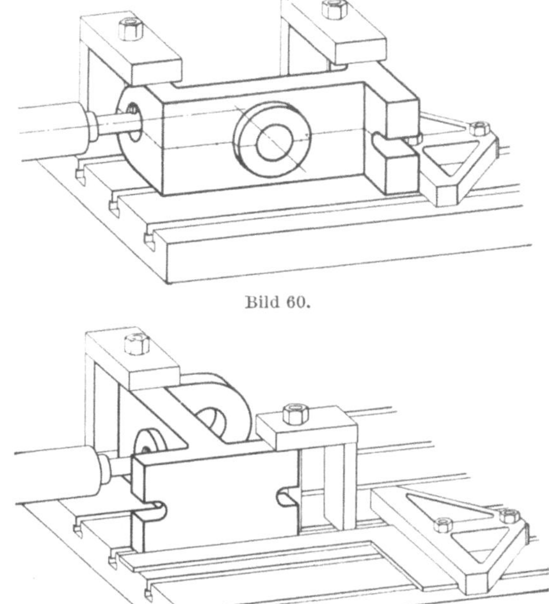

Bild 60.

Bild 61.

Bilder 60 u. 61. Bohren eines Vorrichtungskörpers

Bild 60 zeigt nun das aufgespannte Werkstück zum Bohren des *Bohrbuchsenloches*. Die abgerichtete Grundfläche berührt dabei die Anschlagfläche des Spannkreuzes. Zum Bohren des *waagerechten Loches* für den Zentrierzapfen wird das Werkstück losgespannt, um 90° gedreht und wieder festgespannt (Bild 61). Zum Ausrichten verwendet man, wie in der Darstellung ersichtlich, einen sehr genauen 90°-Winkel, den man gegen das Spannkreuz schlägt. Dieses Verfahren gewährleistet eine sehr hohe Genauigkeit, besonders mit Bezug auf die Lage der beiden Löcher in gleicher Ebene.

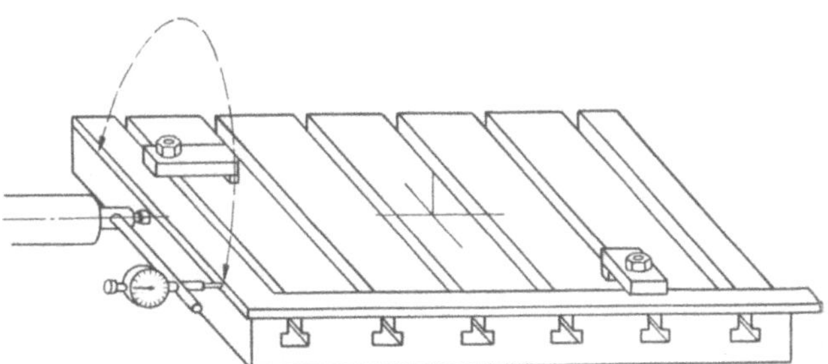

Bild 62. Prüfen eines schwenkbaren Bohrwerktisches auf rechtwinkliges Teilen

Ist der Aufspanntisch des Bohrwerkes *schwenkbar*, so kann man den Vorrichtungskörper natürlich auch in einer Aufspannung fertigstellen. Die Wirkungsweise des Tisches muß dann jedoch vorher nachgeprüft werden. Zunächst muß festgestellt werden, ob der Tisch auch tat-

sächlich genau um 90° teilt, was bei Tischen von neuzeitlichen Waagerecht-Koordinatenbohrwerken (Bild 40) und den in den Bildern 44 und 47 gezeigten Kreisteiltischen nicht notwendig
ist. Bild 62 zeigt, wie das geschehen kann. Es wird dazu ein großer 90°-Winkel verwendet,
den man in der Ausgangsstellung des Tisches mit der Meßuhr ausrichtet und festspannt. Nachdem man den Tisch um 90° geschwenkt hat, kann man nun die Teilgenauigkeit auf die gleiche
Art nachprüfen. Sodann ist nachzuprüfen, ob die Spannfläche des Tisches genau parallel zur

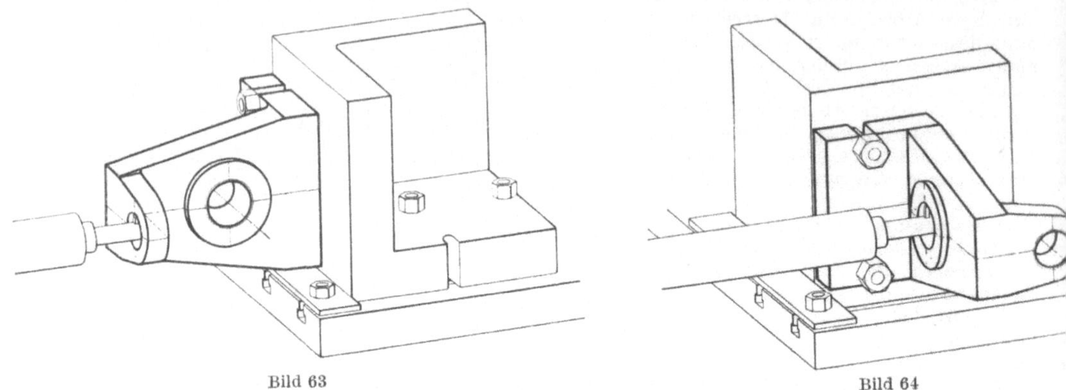

Bild 63   Bild 64

Bilder 63 u. 64. Bohren eines Vorrichtungskörpers am Winkel

Drehebene liegt. Das geschieht dadurch, daß man in verschiedenen Drehstellungen mit Maßklötzen oder Meßuhr den Abstand zwischen Bohrspindel und Tisch ausmißt, der überall gleich
sein muß.

Ebenso genau lassen sich derartige winkelförmige Vorrichtungskörper auch nach dem folgenden Verfahren bohren, das hauptsächlich dann in Frage kommt, wenn die Seiten des Körpers
schräg zur Grundfläche verlaufen und daher nicht rechtwinklig zu dieser abgerichtet werden
können. Man geht dabei nur von der Grundfläche aus, die allein vorher abzurichten ist. Der Vorrichtungskörper wird mit der abgerichteten Fläche so gegen einen Aufspannwinkel gespannt,
daß die Ebene, in der die beiden zu bohrenden Löcher liegen sollen, parallel zu der unteren
Aufspannfläche des Spannwinkels liegt. Um die sich rechtwinklig kreuzenden Löcher bohren zu
können, wird das Werkstück zusammen mit dem Aufspannwinkel auf dem Maschinentisch gedreht, ohne daß das Werkstück umgespannt wird.
Selbstverständliche Voraussetzung ist auch hierbei wieder die genau parallele Lage des Maschinen-
tisches zur Bohrspindel. Die rechtwinklige Lage

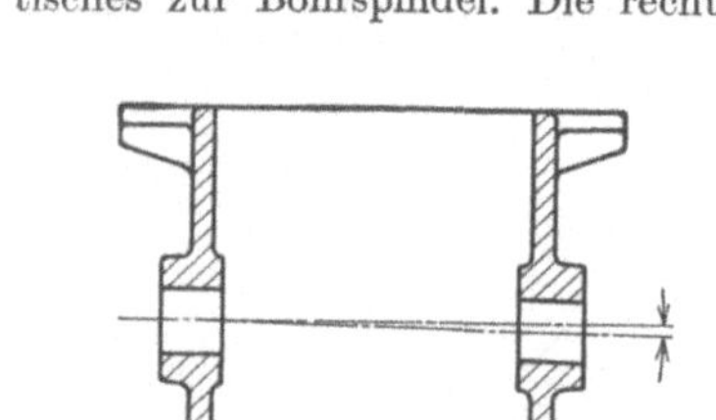

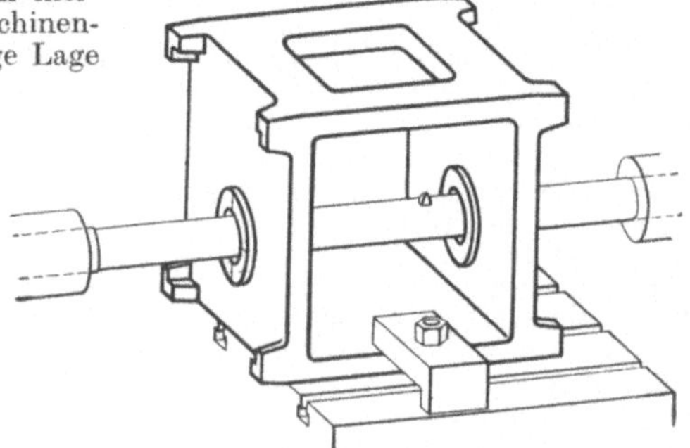

Bild 65. Fehlerhaft gebohrter Vorrichtungskörper

Bild 66. Unzuverlässiges Verfahren zum Ausbohren von Bohrvorrichtungskörpern auf Waagerechtbohrwerk

des Aufspannwinkels zur Maschinenspindel wird ähnlich wie in Bild 59 mit dem Spannkreuz
eingestellt. Bild 63 zeigt das Ausbohren des Bohrbuchsenloches senkrecht zur Grundfläche.
Es ist dabei ein Aufspannwinkel mit drei rechtwinklig zueinander geneigten Aufspannflächen
zu verwenden, der für diesen Zweck besonders gut geeignet ist. Um den Winkel zum Bohren
des zweiten Loches genau um 90° drehen zu können, ohne ihn nochmals ausrichten zu müssen,
ist eine Richtschiene auf den Tisch mit aufgespannt worden, gegen die der Winkel beim Drehen
angeschlagen wird (Bild 64).

·b) Nach dem Bohren der Bohrbuchsenlöcher in kastenförmige Vorrichtungskörper auf gewöhnlichen Bohrwerken zeigen sich häufig Fehler, deren Ursachen nicht sofort erkennbar sind, da scheinbar alles in Ordnung gegangen ist. Besonders zeigen sich Fehler beim Fluchten gegenüberliegender Löcher für doppelte Werkzeugführungen, wie in Bild 65 übertrieben dargestellt. Derartige Fehler können auf neuzeitlichen Waagerecht-Koordinatenbohrwerken vermieden werden. An diesen Bohrwerken ist die Tischverstellung so genau, daß die gegenüberliegenden Löcher ohne Verwendung eines Setzstockes fliegend eingebohrt werden, indem zunächst ein Loch und dann nach Schwenken des Bohrwerktisches um 180° das gegenüberliegende Loch fluchtend zum ersten eingebohrt werden kann. Da aber nicht in allen Betrieben schon derartige Maschinen zur Verfügung stehen, soll nachfolgend gezeigt werden, wie man sich auf den üblichen Bohrwerken auch so helfen kann.

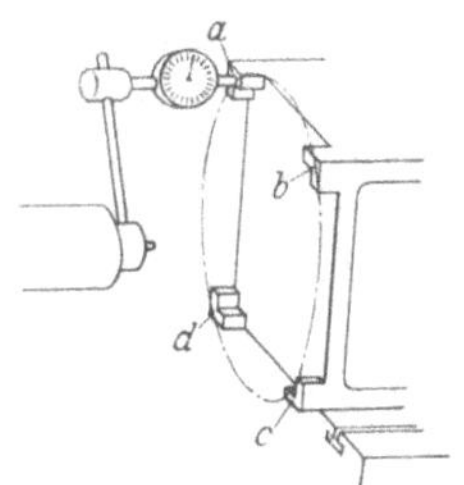

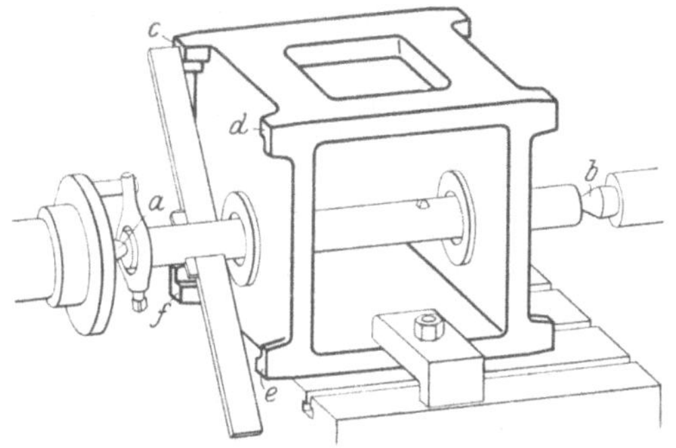

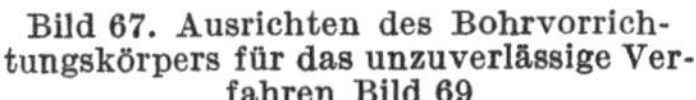

Bild 67. Ausrichten des Bohrvorrichtungskörpers für das unzuverlässige Verfahren Bild 69

Bild 68. Zuverlässiges Verfahren zum Ausrichten und Ausbohren von Bohrvorrichtungskörpern auf Waagerechtbohrwerken und Drehbänken

In Bild 66 ist zunächst ein Verfahren für das Bohren gegenüberliegender Löcher auf einem Bohrwerk gezeigt, das allgemein üblich und für gewöhnliche Arbeiten auch genau genug ist. Für die Herstellung von Vorrichtungskörpern ist es jedoch nicht geeignet, da es die Ursache von Fehlern in sich birgt, wie sie bereits erwähnt wurden. Auch wenn der Vorrichtungskörper, wie in Bild 67 dargestellt, genau nach den vorher abgerichteten Füßen a, b, c und d mit einer Stange mit Meßuhr ausgerichtet worden ist, kann es doch sehr leicht vorkommen, daß nach dem Bohren mit der Bohrstange die Löcher nicht genau miteinander fluchten bzw. die Fluchtlinie nicht genau rechtwinklig zur Auflageebene des Vorrichtungskörpers verläuft. Das kommt daher, daß es kaum möglich ist, die Bohrstangenführung so genau, wie es die Arbeit erfordert, auszurichten. Die Bohrstange wird daher immer mehr oder weniger beim Arbeiten gewaltsam aus der natürlichen Fluchtlinie gezwängt werden und nicht wie die Maschinenspindel genau senkrecht zu der Auflageebene des Vorrichtungskörpers liegen.

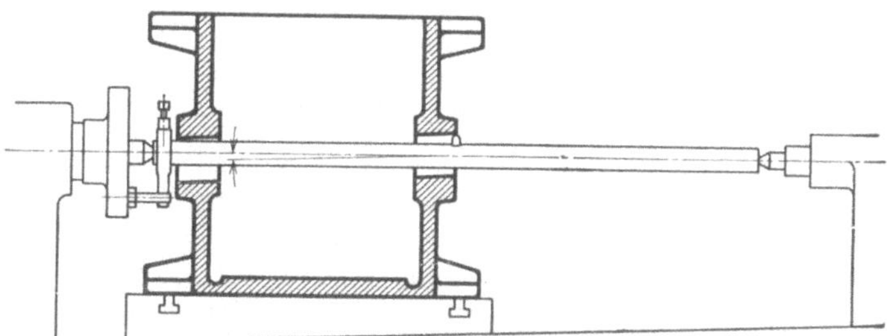

Bild 69. Darstellung des Entstehens grober unzulässiger Fehler beim Ausbohren eines Vorrichtungskörpers auf fehlerhafter Drehbank

Eine viel *genauere Arbeit* wird man dann erzielen, wenn man wie in Bild 68 oder 72 verfährt: Man läßt die Bohrstange zwischen zwei Körnerspitzen a und b laufen und den Aufspanntisch mit dem Werkstück ziehen. Dieses richtet man dadurch aus, daß man in die Bohrstange ein Richtlineal (Bild 68) oder auch eine Stange mit Meßuhr einspannt und damit die Füße c, d, e und f des Vorrichtungskörpers abfühlt. An Stelle eines Bohrwerkes kann man hierbei auch eine Drehbank verwenden, indem man den Längsschlitten als Aufspanntisch benutzt. Sie ist in mancher Hinsicht noch besser dazu geeignet als ein älteres Bohrwerk. Allerdings können bei diesem Verfahren, wie in Bild 69 übertrieben dargestellt, auch noch unzulässige Fehler gemacht werden, wenn die Maschine selbst größere Fehler hat. Liegt nämlich die Bohrstange nicht genau parallel zum Maschinenbett, auf dem sich der Schlitten mit dem aufgespannten Vorrichtungskörper beim Ausbohren verschiebt, und läßt man ferner die Bohrstange von der vorderen Bohrung bis zu der hinteren gegenüberliegenden durchziehen (beim Arbeiten mit einem Schneidmeißel von nur einer Stelle der Bohrstange aus), so erhält die fertige Bohrung eine andere Richtung, als die Bohrstange sie hat: Trotz genau senkrechter Lage der Bohrstange zu der Ausgangs- und Auflagefläche des Vorrichtungskörpers wird die Bohrung also schief. Wenn aber wie in Bild 70 vorgegangen und der Schlitten nicht weiter verfahren wird, als für die Herstellung einer einzelnen Bohrung erforderlich ist, so ergeben sich für jede einzelne Bohrung kleine Richtungsfehler (in Bild 70 übertrieben dargestellt), die Gesamtrichtung für beide Bohrungen behält jedoch die Richtung der Bohrstange bei. Auch wenn die Maschine schon gröbere Fehler aufweist, werden die Richtungsfehler der einzelnen Bohrungen kaum ausmeßbar und daher belanglos sein.

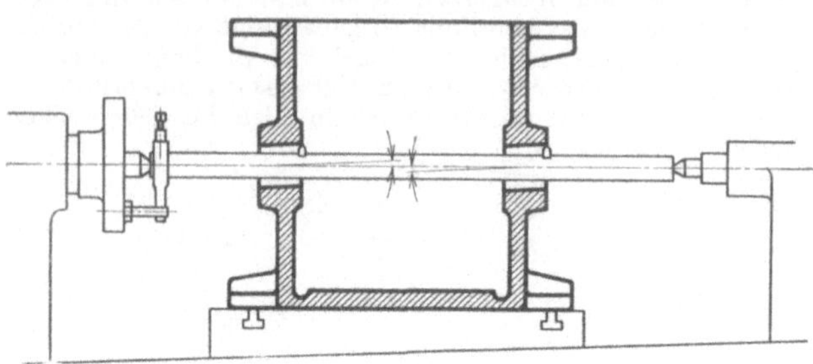

Bild 70. Richtiges Ausbohren des Vorrichtungskörpers auf der gleichen fehlerhaften Drehbank und übertriebene Darstellung der noch möglichen, aber zulässigen Fehler

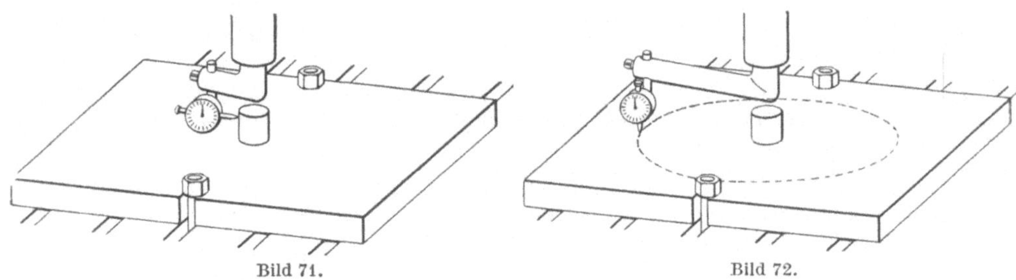

Bild 71.   Bild 72.

Bilder 71 u. 72. Ausrichten einer Zentrier- und Aufspannplatte für das Ausbohren eines Bohrvorrichtungskörpers nach dem Verfahren Bild 80

Ein *anderes Verfahren* ist noch in den Bildern 71 bis 73 dargestellt. Es kann sowohl auf einfachen Bohrmaschinen als auch auf Lehrenbohrmaschinen angewendet werden: Nachdem der Vorrichtungskörper wie eine gewöhnliche Bohrschablonenplatte von einer Seite fertiggestellt ist, wird er auf dem Maschinentisch so aufgespannt, daß die Maschinenspindel mit dem bereits gebohrten Loch, das nach unten gerichtet ist, genau fluchtet (Bild 73). Dazu wird eine genau abgerichtete Platte mit Zentrierdorn benutzt, die vorher mit einer Meßuhr wie in den Bildern 71 und 72 ausgerichtet wird. Selbstverständlich muß die Maschinenspindel sehr kräftig und einwandfrei gelagert sein.

Am schnellsten und genauesten lassen sich kastenförmige Vorrichtungskörper herstellen, wenn alle daran vorkommenden Bohrarbeiten in nur *einer* Aufspannung erledigt werden können. Dafür kommen aber nur für derartige Zwecke entwickelte Feinstbohrwerke in Frage, die als Portalmaschinen mit mehreren senkrecht und waagerecht angeordneten Spindeln ausgerüstet sind. Diese Maschinen sind infolge der Vielzahl von sorgfältigst durchgebildeten

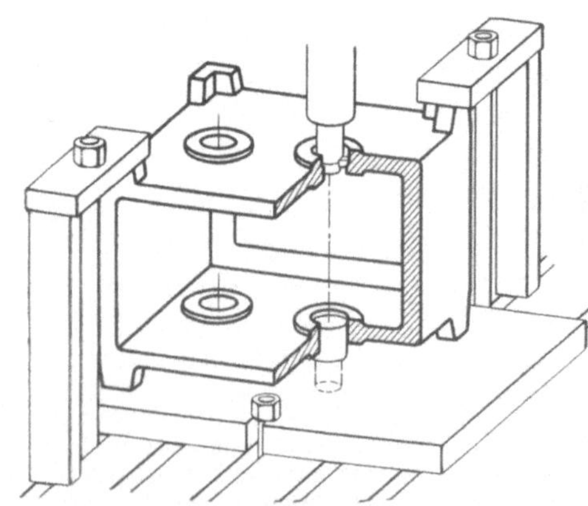

Bild 73. Verfahren für das Ausbohren eines Bohrvorrichtungskörpers auf gewöhnlichen oder Lehrenbohrmaschinen

und gearbeiteten Spindeln und Schlittenführungen sehr teuer. Die Anschaffung lohnt sich daher auch nicht immer.

c) **Abflächen der Lochwarzen.** Gewöhnlich werden die Stirnflächen für Buchsen- und Bolzenlochwarzen nur in der üblichen Weise mit einem Bohrstangenmesser oder auch mit einem fliegenden Stahlhalter abgeflächt. Muß eine Stirnfläche aus bestimmten Gründen aber genau rechtwinklig zur Bohrung sein, z. B. wenn sie bei einem Bolzenloch als Anlagefläche für das Werkstück dienen soll, etwa wie in den Bildern 74 und 75, so muß sie außerdem noch vom Werkzeugmacher besonders abgerichtet werden; denn die Maschinenarbeit, besonders wenn ein Bohrmesser hierzu verwandt wird, ist nicht genau genug. Das geschieht am besten und meistens auch genau genug mit dem in Bild 74 gezeigten Flächenfräser a, der auf einer in der geriebenen Bohrung genau geführten Führungsstange b geführt und durch Stift c mitgenommen wird, so daß die Rechtwinkligkeit der Fläche zur Bohrung gewahrt wird. Der Fräser wird zum Abflächen durch Mutter d leicht gegen die Stirnfläche gezogen. Eine mit einer Nase in einer entsprechenden Nute der Führungsstange geführte Scheibe e verhindert, daß sich die Mutter beim Drehen des Fräsers festziehen kann. Falls größte Genauigkeit und beste Beschaffenheit der Stirnfläche gefordert wird, muß sie noch nachträglich von Hand abgerichtet werden, wie es nachfolgend an Bild 75 kurz erläutert sei: Nachdem der Werkstückaufnahmedorn a in den Vorrichtungskörper b eingesetzt ist, wird mit einem

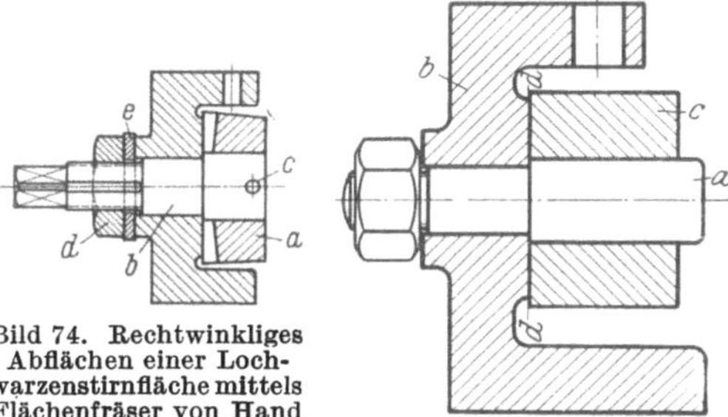

Bild 74. Rechtwinkliges Abflächen einer Lochwarzenstirnfläche mittels Flächenfräser von Hand
a Flächenfräser; b Führungsstange; c Mitnehmerstift; d Spannmutter; e Haltescheibe

Bild 75. Anreiben einer Lochwarzenstirnfläche mit einem Hilfsring

besonders hergestellten Hilfsring c, der spielfrei auf den Dorn paßt und im Durchmesser etwas größer als die Lochwarze ist, die Stirnfläche d–d mit Tusche angerieben und so lange nachgeschabt, bis der Ring überall trägt. Selbstverständlich müssen Bohrung und Stirnfläche des Hilfsringes genauestens in einer Aufspannung gedreht sein. Als Abrichtring kann man oft auch einen vorhandenen Kaliberring verwenden.

26. Bohrbuchsen. Mit Bezug auf die Herstellungsgenauigkeit unterscheidet man grundsätzlich zwei Arten der Bohrbuchsen: 1. Bohrbuchsen, die hauptsächlich zum Führen von Spiralbohrern beim Bohren untergeordneter Löcher (Schrauben- und Nietlöcher) dienen und 2. Bohrbuchsen, die zum mittel- und unmittelbaren Führen von Spiralbohrern, Senkern, Bohrstangen, Reibahlen usw. bzw. zur Aufnahme von Steckbuchsen beim Bohren maßhaltiger Löcher dienen. Beide Arten umfassen Fest-

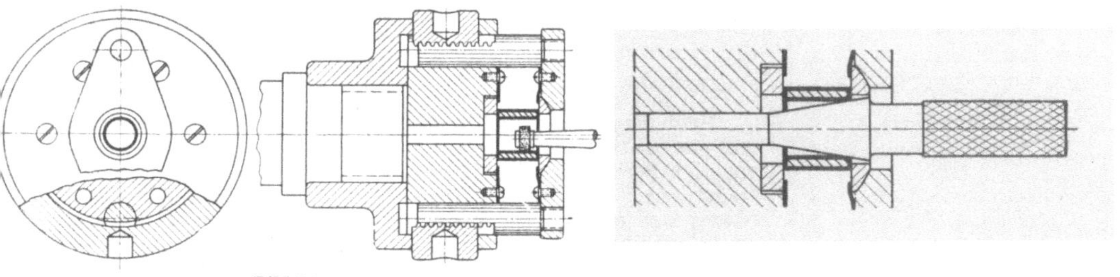

Bild 76.   Bild 77.

Bilder 76 u. 77. Spannvorrichtung zum Innenschleifen der Bohrbuchsen (axial spannend)

und Steckbuchsen. Bohrbuchsen der ersten Art können verhältnismäßig grob hergestellt werden. Es genügt vollkommen, wenn sie gleich auf richtiges Maß gebohrt und nach dem Härten nur außen geschliffen werden. Das Innenschleifen kann, da es die Herstellung der Bohrbuchsen sehr verteuert, ganz fortfallen. Es muß jedoch ein geeigneter Stahl verwendet werden, der sich beim Härten nicht verzieht.

Mit Rücksicht auf die weiten Toleranzen der im Handel geführten Spiralbohrer und ein etwaiges Zusammenziehen beim Einpressen der Festbohrbuchsen sind die Bohrbuchsen innen etwas größer zu halten. Aus diesem Grunde wird das Innenmaß nach DIN 173 und DIN 179 mit der Passung F 7 ausgeführt. Die Buchsen der zweiten Art müssen mit viel größerer Sorgfalt hergestellt werden und daher auch innen eine Schleifzugabe beim Vordrehen erhalten. Nach dem Härten sind sie zunächst innen genau rund und maßhaltig auszuschleifen. Dabei dürfen sie nicht verspannt werden, was zur Folge hätte, daß sie nach dem Abspannen unrund wären[1]. Aus diesem Grunde sind Dreibackenfutter zum Einspannen beim Innenschleifen ungeeignet. Zweckmäßiger sind Sonderspannvorrichtungen nach Art der in den Bildern 76 und 77 abgebildeten, mit denen die Buchsen nicht verspannt werden können, da sie in Richtung der Lochachse gespannt werden. Zentriert werden die Buchsen durch einen Kegeldorn (Bild 77). Die Spannvorrichtung ist so konstruiert, daß man sie durch Auswechseln der Spannplatten für eine größere Anzahl Bohrbuchsendurchmesser verwenden

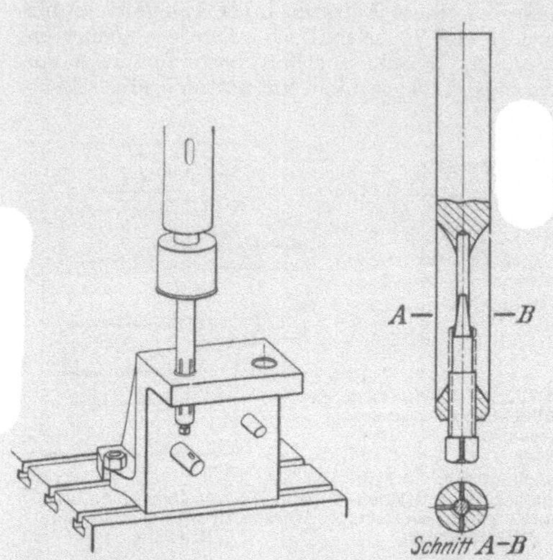

Bild 78. Nachregulieren der in den Vorrichtungskörper eingetriebenen Bohrbuchsen durch einen Kupferdorn auf der Bohrmaschine

Bild 79. Konstruktion eines Kupferregulierdornes

kann. Nachdem die Buchsen innen geschliffen sind, werden sie auf einem Zentrierschleifdorn für Preßsitz[2] außen fertiggeschliffen und des besseren Anschnäbelns und Einführens wegen vorn etwas schwächer gehalten. Vor dem Einpressen der Festbohrbuchsen darf nicht vergessen werden, die Wandstärken auf Gleichmäßigkeit zu prüfen. Diese Kontrolle ist außerordentlich wichtig; unterbleibt sie, so ergeben sich später allerlei Beanstandungen, die zunächst nicht zu erklären sind.

Ferner sind die Buchsen vor dem Einpressen am unteren Rand etwas abzurunden, damit sie das Loch im weichen Bohrbuchsenträger nicht größer räumen, was sie tun, wenn die Kanten scharf bleiben. Eine solche Buchse würde sich später schnell lockern.

Beim *Einpressen* der Buchsen ist es nicht ganz zu vermeiden, daß sie sich in ihrer Form ein wenig verändern. Sie werden etwas enger, bisweilen dann auch etwas unrund, wenn die Bohrbuchsenträger aus konstruktiven Gründen einseitig etwas zu schwach gehalten werden müssen. Endlich können sie, wenn sie ausnahmsweise sehr kurz gehalten werden müssen, auch etwas schief eingepreßt werden. Es ist daher unbedingt erforderlich, daß die dazu gehörigen Werkzeuge auf einer Bohrmaschine, deren Spindel genau senkrecht zum Tisch steht, in die Bohrbuchsen eingepaßt werden. Damit wird sowohl die Maßhaltigkeit als auch die Lochrichtung geprüft. Zeigen sich Fehler durch Klemmen der Werkzeuge, so können sie durch Nachschleifen mit einem Kupferdorn auf der Maschine beseitigt werden (Bild 78). Die Konstruktion des Kup-

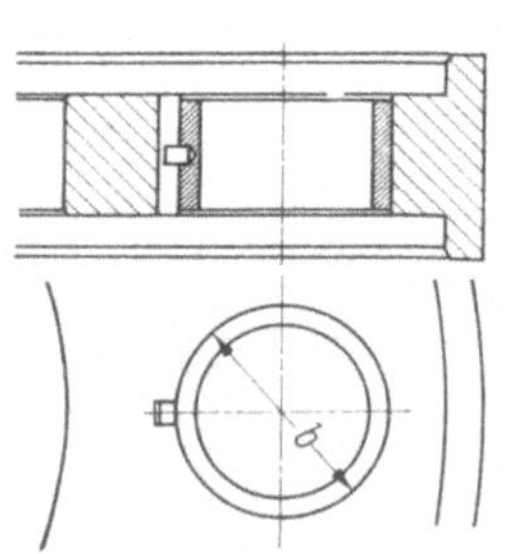

Bild 80. Gegen Verdrehung gesicherte mit leichtem Sitz eingepreßte Bohrbuchse
b Bohrungsdurchmesser Toleranz H 6; Bohrbuchsendurchmesser Toleranz K 5; Lehre an den gegenüberliegenden Stirnflächen mit 0 und 1 stempeln

---

[1] Siehe Werkstattbücher Heft 33, MAURI, H.: Vorrichtungsbau I, 9. Aufl. 1969, Abschn. 12, S. 29.

[2] Ebenda, Bilder 139 und 142.

ferdorns zeigt Bild 79. Wenn der Betrieb über passende *Honahlen* verfügt, sind diese vorzuziehen. Am besten ist es aber, derartige Bohrbuchsen nicht so stramm einzupressen und sie lieber gegen Verdrehung zu sichern (Bild 80).

II. Prüfung der Vorrichtungen

Es gibt wohl keinen Fachmann und keinen Betrieb, der nicht die Notwendigkeit einer eingehenden Prüfung der fertiggestellten Vorrichtung vor ihrer Inbetriebnahme erkannt hätte. Nur sind Art und Umfang der Prüfung je nach den betrieblichen Verhältnissen und der Gewöhnung doch ziemlich unterschiedlich. Während man sich in dem einen Betrieb darauf beschränkt, nur die in bezug auf das Werkstück wichtigen Abmessungen zu überprüfen, hält man es in anderen Betrieben für unumgänglich notwendig, die Vorrichtung an den Ergebnissen eines damit bearbeiteten Werkstückes zu prüfen. Das letzte Verfahren ist vorzuziehen und sollte sich allgemein durchsetzen, weil damit viel Zeit und Verdruß beim Gebrauch in der Werkstatt vermieden wird. Eine neue Vorrichtung genügt nicht immer gleich den gestellten Anforderungen, weil manche Umstände, wie z. B. übermäßige Bearbeitungszugaben, Schrumpfungen und von den Liefervorschriften abweichender Anlieferungszustand des Werkstücks, gar nicht von vornherein erkannt werden können. Außerdem wird hierdurch auch Ausschuß bzw. Nacharbeit einer ganzen Werkstückreihe vermieden, weil sich die Fehler sonst erst bei der Werkstückprüfung oder gar erst beim Zusammenbau zeigen.

27. Eingangsprüfung der Einzelteile. Die Prüfung soll sich nicht nur auf die fertigen Vorrichtungen erstrecken, sondern auch auf die Einzelteile, und tunlichst schon bei der Anlieferung der Roh- und Fertigteile einsetzen. Die Rohteile dürfen nicht einfach auf gut Glück in Arbeit genommen werden, weil es sonst vorkommen kann, daß das Stück zum Schluß bei einer der letzten Arbeitsfolgen infolge von Rohfehlern Ausschuß wird. Die bis dahin aufgewendeten Löhne sind dann umsonst gezahlt. Fehler an von auswärts gelieferten Fertigteilen, wie Wälzlager, Federn u. dgl., würden aber sonst erst beim Einbau erkannt. Meistens sind dann aber Reklamationen zwecklos. Die Eingangsprüfung muß selbstverständlich auch eine Werkstoffprüfung umfassen, die gegebenenfalls auch noch Festigkeitsprüfungen mit einschließt.

28. Prüfung während der Fertigung. In einem gut geleiteten Betrieb werden alle Einzelteile während der mechanischen Bearbeitung nach jeder Arbeitsfolge geprüft, damit Bearbeitungsfehler rechtzeitig erkannt werden. Durch diese Maßnahme vermeidet man unnötigen Arbeitsaufwand und kann rechtzeitig Ersatz beschaffen, ehe es zur Terminnot mit allen ihren üblen Folgen kommt. Es ist darum zweckmäßig, die Einzelteile auch nach jeder Wärmebehandlung, also auf die erzielte Einsatztiefe, Härte und Festigkeit sowie auf Härterisse zu prüfen.

29. Maßprüfung. Die *fertige* Vorrichtung wird zunächst durch den dafür verantwortlichen Betriebsprüfer auf die Einhaltung der Maße geprüft. Da nun einerseits kaum eine Vorrichtung mit Bezug auf die Maße ganz fehlerfrei hergestellt werden kann, anderseits die Beseitigung dieser Fehler die Herstellung der Vorrichtung ganz wesentlich verteuern würde, muß die Prüfung sinngemäß ausgeführt werden, d. h., es ist in jedem Falle genau zu prüfen, wie sich die Fehler bei der Fertigung auswirken und welchen Einfluß sie auf den Austauschbau haben. In vielen Fällen wird man Fehler, da sie in dieser Beziehung ganz belanglos sind, ohne weiteres zulassen können und somit erhebliche Kosten für ihre Beseitigung ersparen. Unbedingt erforderlich ist es, daß der Betriebsprüfer einen Prüfbericht macht und das Ergebnis der Prüfung jeder einzelnen Vorrichtung sorgfältig vermerkt. Alle festgestellten Abweichungen sind in genauen Werten so einzutragen, daß sie nötigenfalls später nachgeprüft werden können. Der Klarheit halber wird auch oft eine Skizze erforderlich sein. Bei etwaigen Beanstandungen der Vorrichtung später im Betrieb kann dann sehr schnell nachgeprüft werden, ob die ursprünglichen Fehler der Vorrichtung oder inzwischen eingetretener Verschleiß oder Verspannungen oder sonstige Beschädigungen die Ursache sind. Bei Bohrvorrichtungen und Bohrlehren muß der Bohrbuchsenträger unbedingt vor dem Einpressen der Bohrbuchsen auf die richtigen Lochabstände geprüft werden.

30. Prüfung auf Zweckmäßigkeit. Während sich die Maßprüfung nur auf die einzelnen Vorrichtungen erstreckt, kann die Zweckmäßigkeit nur dadurch richtig geprüft werden, daß man alle zu einer Arbeitsstufe erforderlichen Einrichtungen, also sowohl Vorrichtungen wie Werkzeuge und sonstige Hilfseinrichtungen, in ihrer Gesamtheit auf ihr Arbeiten miteinander untersucht, am besten durch Ausprobieren an einem Werkstück. Das ist in der eigenen Werkstatt im allgemeinen nur bei kleinen Vorrichtungen, im besonderen bei Bohrspannvorrichtungen möglich. Zu prüfen ist bei den Vorrichtungen, ob das Werkstück schnell genug eingespannt werden kann, ferner, ob es nach der Bearbeitung auch ebenso schnell aus der Vorrichtung zu entfernen ist. Denn durch Gratbildung am Werkstück nach der Bearbeitung und durch Festsetzen von Spänen können Hemmungen eintreten. Ist etwas nicht in Ordnung, so ist die Vorrichtung umzuändern bzw. richtigzustellen, ganz gleich, ob ein Konstruktions- oder Ausführungsfehler vorliegt. Auf alle Fälle ist jede kompliziertere Vorrichtung dem Konstrukteur vorzuführen, damit er sich überzeugen kann, ob sie in seinem Sinne arbeitet.

Durch eine genaue Prüfung des fertigbearbeiteten Werkstückes wird endlich festgestellt, ob die Werkzeuge maßhaltig arbeiten und die Prüf- und Einstellwerkzeuge beim Arbeiten auch praktisch anwendbar sind. Vorrichtungen, die nicht in der eigenen Werkstatt geprüft werden können, sind an Ort und Stelle im gleichen Sinne zu prüfen. Mit der Ausführung dieser Prüfung sind sehr gewandte Praktiker, möglichst gelernte Werkzeugmacher, zu beauftragen, die sich bei allen Bearbeitungsarten aufs beste bewährt haben. Je sorgfältiger man die Auswahl trifft, um so größer werden die erzielten Erfolge sein. Natürlich kann auch gleichzeitig mit der Prüfung eine Zeitaufnahme verbunden werden.

31. Zustandsprüfung. Sodann ist der Zustand der fertigen Vorrichtung zu überholen. Hierbei ist zu prüfen, ob Bearbeitung und Oberflächengüte den Vorschriften auf der Werkzeichnung entsprechen. Ferner ist festzustellen, ob die Aufstempelung der richtigen Erkennungsmarke und der vorgeschriebenen Hinweise vorgenommen worden ist. Die Zustandsprüfung schließt ab mit einer Überprüfung auf Vollständigkeit. Sämtliche Teile, also sowohl Vorrichtung wie Sonderwerkzeuge und sonstige Einrichtungen, sind als geschlossene Bearbeitungseinheit abzuliefern.

III. Aufstellen und Inbetriebsetzen der Vorrichtungen

Mit der einwandfreien Ausführung der Vorrichtungen und der Ablieferung an den Betrieb können die Aufgaben des Vorrichtungsbaues in der Regel noch nicht als erschöpft betrachtet werden: Es wird meistens auch das richtige Aufstellen der Vorrichtungen nach wirtschaftlichen Gesichtspunkten und das Inbetriebsetzen verfolgt werden müssen, das außerordentlich wichtig für die bestmögliche Ausnutzung ist. Geschieht das nicht oder nicht in genügendem Maße, überläßt man alles weitere dem Betriebe, so können unter Umständen auch die besten Vorrichtungen mehr oder weniger wertlos werden. Die gleichen Mißstände werden aber auch dann auftreten und dann um so schwerer zu beseitigen sein, wenn die zweckmäßigste Art der Aufstellung nicht schon bei der Konstruktion genügend berücksichtigt wurde. Entscheidend dafür, ob eine Vorrichtung so aufgestellt werden kann, daß es möglich ist, sie wirtschaftlich auch richtig auszunutzen, ist oft allein die Tatsache, ob sie für die jeweilige Fertigungsart, entweder für die Reihenfertigung mit regelmäßigen Unterbrechungen oder für die fortlaufende Massenfertigung, also für ununterbrochene Benutzung unter Anpassung an Art und Beschaffenheit der Maschine, bezüglich der Aufstellung richtig konstruiert worden ist.

Im nachfolgenden werden nun des näheren die Gründe dafür dargelegt, weshalb zwar an und für sich gut, aber ohne besondere Rücksichten durchgebildete Vorrichtungen in der Reihenfertigung sich bisweilen überhaupt nie bezahlt machen können. Ferner wird dargelegt, daß es sehr wohl möglich ist, bei den gleichen Vorbedingungen mit vorbedachter Rücksicht auf den Gebrauch in der Reihenfertigung die Vorrichtungen so zu konstruieren und aufzustellen, daß ihre wirtschaftliche Ausnutzung durchaus gewährleistet ist. Die folgenden Ausführungen sind also grundlegend für die Konstruktion der Vorrichtungen.

A. Bedeutung der Rüstzeiten und ihre Verminderung durch Reihenaufstellung der Vorrichtungen

32. Rüstzeit im Verhältnis zur Gesamtarbeitszeit. Es liegt in der Natur auf Sache, daß Vorrichtungen dann die meisten Ersparnisse am einzelnen Werkstück bringen, wenn mit ihnen *ununterbrochen* gearbeitet werden kann; denn wenn sie in diesem Falle aufgestellt und ausprobiert sind, entstehen keine weiteren Unkosten mehr, außer durch den natürlichen Verschleiß.

Ein Dauerbetrieb ist jedoch wegen der mangelnden hohen Stückzahl in den meisten Werkstätten nicht möglich, so daß mit den Vorrichtungen nur zeitweise, mit kleineren oder größeren Unterbrechungen, gearbeitet werden kann. Zu den erstmaligen Unkosten für das Aufstellen und Ausprobieren treten dann dauernde Unkosten für Aufbewahrung, Beförderung vom Aufbewahrungsraum zur Maschine, etwaige Ausbesserungen, veranlaßt durch Beschädigung bei der Beförderung, Fehlstücke, entstanden durch beschädigte Vorrichtungen, und endlich für das jedesmalige Auf- und Abbauen. Die *Einrichtungskosten* können sich unter Umständen so steigern, daß bei geringen Stückzahlen die Ersparnisse, die mit den Vorrichtungen überhaupt erzielt werden können, wieder aufgezehrt werden. Wirtschaftliche Vorteile lassen sich dann nur erreichen, wenn es möglich ist, die Stückzahlen wesentlich zu erhöhen. Das wird um so eher erforderlich sein, je größer die Rüstzeiten sind.

33. Reihenaufstellung von Vorrichtungen. Oftmals wird es in der Reihenfertigung aus verschiedenen Gründen nicht möglich sein, die Stückzahlen zugunsten der Vorrichtungen so weit zu erhöhen, daß durch diese auch tatsächlich Ersparnisse in genügendem Maße erzielt werden. Abhilfe kann dann nur dadurch geschaffen werden, daß man das *Einrichten* und alle damit verbundenen Nebenarbeiten nach Möglichkeit entweder ganz beseitigt oder zum mindesten wesentlich vereinfacht. Ganz beseitigen kann man an einigen Maschinenarten das jedesmalige Einrichten dadurch, daß man gleichzeitig eine ganze Reihe von Vorrichtungen für die verschiedensten Zwecke an einer Maschine *fest aufstellt* und dort dauernd als einen Teil der Maschine stehenläßt. Eine derartige Reihenaufstellung ist besonders gut möglich an *Radialbohrmaschinen*. Man kann dann ohne jeglichen Zeitverlust für das Auswechseln und Neueinrichten der Vorrichtungen die Arbeit beliebig innerhalb der Vorrichtungsreihe wechseln.

Die sich ergebenden Vorteile dieser Reihenaufstellung sind ganz bedeutend und werden darum zusammenfassend nochmals hervorgehoben: Die Stückzahlen sind für die Wirtschaftlichkeit der Vorrichtungen nicht mehr ausschlaggebend. Man kann auch ein einzelnes Werkstück genauso billig herstellen wie ein Stück einer großen Reihe, so z. B. jederzeit auch Einzelteile, wie sie bisweilen für Ersatzlieferungen erforderlich werden, sofort bohren lassen, ohne daß der Betrieb aufgehalten wird und Mehrkosten entstehen, wie es sonst der Fall wäre. Die Frage der Aufbewahrung und Pflege der Vorrichtungen ist in einfachster und billigster Weise gelöst; der Arbeiter kann ebenso wie für die stetige Betriebsbereitschaft seiner Maschine auch für die seiner Vorrichtungen verantwortlich gemacht werden, denn sie gehören jetzt mit zu der Maschine.

Diese *Reihenaufstellung* der Vorrichtungen bedingt nun aber, daß man sie schon bei der Konstruktion der Vorrichtungen plante und dementsprechend auch die Arbeitsgänge unterteilte. Das zeigt sich besonders deutlich an dem nachfolgenden Beispiel einer Vorrichtungsreihe.

34. Mehrfachbohrspannvorrichtung als Vorrichtungsreihe. Bild 81 zeigt eine Verbindung von vier verschiedenen Standbohrspannvorrichtungen zu einer Vorrichtungsreihe, die zum Bohren von vier verschiedenartigen Werkstücken (Schubstangen) dient. Sie ist an einer *Radialbohrmaschine* so aufgestellt worden, daß der Bohrtisch ohne weiteres auch für beliebige andere Arbeiten benutzt werden kann. Auf diese Weise ist es in der Reihenfertigung ortsfester Motoren ermöglicht worden, eine Maschine fortlaufend ohne Umbau einer Vorrichtung zu besetzen und somit die Rüstzeiten, die sonst für die erforderlichen schweren Vorrichtungen nicht unwesentlich gewesen wären, ganz zu beseitigen. Die Konstruktion einer derartigen Vorrichtung für mehrere verschiedenartige Werkstücke, so daß alle noch im Bereich der Bohrmaschine liegen, ist natürlich nur dann möglich oder überhaupt zweckmäßig, wenn die Werkstücke wie in diesem Falle eine langgestreckte Form haben.

35. Vorrichtungsreihe am drehbaren Tisch. Sperrige Werkstücke, für die eine Vorrichtungsreihe der vorigen Art nicht in Frage kommt, können falls sie sich ihrer Form und Bearbeitungsart nach dafür eignen, in Standbohrspannvorrichtungen gebohrt werden, die sich an einem drehbaren Tisch als Vorrichtungsreihe anordnen lassen. Ein Beispiel dafür zeigt Bild 82: An einem sechseckigen, für diesen Zweck besonders konstruierten drehbaren Tisch sind fünf verschiedenartige Standbohrvorrichtungen (*I–V*) dauernd befestigt und befinden sich somit in dauernder Betriebsbereitschaft. Die jeweils zu benutzende Vorrichtung wird durch Drehen des Tisches schnell in Arbeitsstellung gebracht.

36. Kreisförmige Vorrichtungsreihe. Eine kreisförmige Anordnung der Vorrichtungen für durchweg schwere Werkstücke (Motorständer) ist in Bild 83 dargestellt. Drei Vorrichtungen sind rund um die Maschine herum auf besonderen Fundamenten fest aufgebaut. Der Bohr-

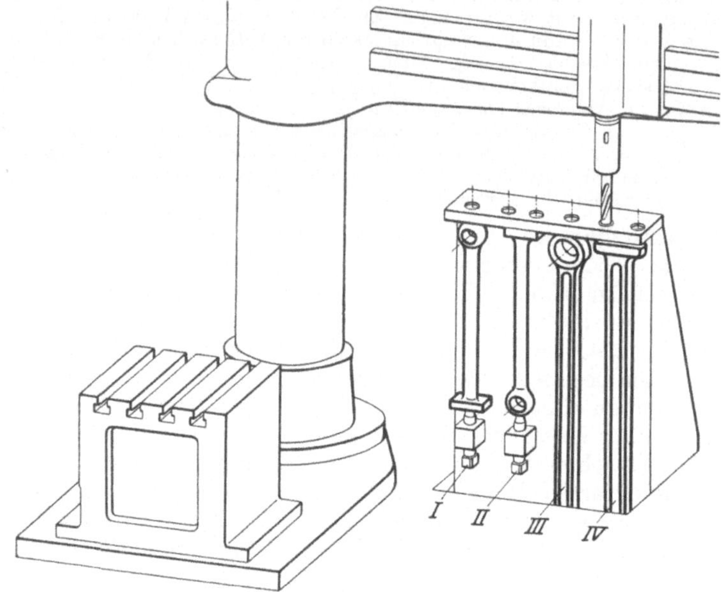

Bild 81. Vierfachbohrspannvorrichtung als Vorrichtungsreihe

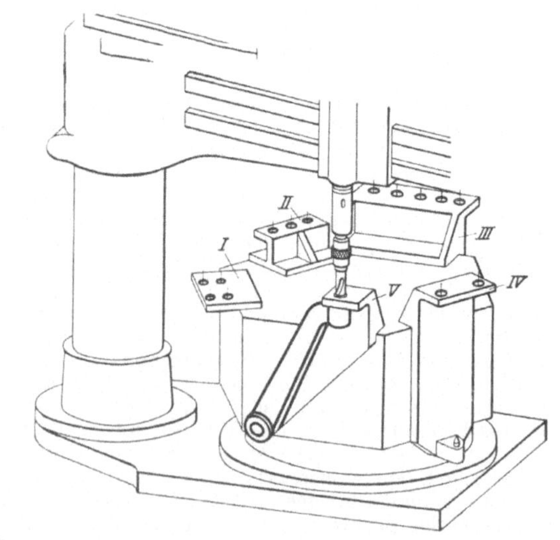

Bild 82. Vorrichtungsreihe am drehbaren Tisch einer Radialbohrmaschine

maschinentisch ist auch wieder frei gelassen worden, damit die Maschine bei Stockungen irgendwelcher Art oder falls sie durch die drei Vorrichtungen nicht voll besetzt werden kann, auch für andere Arbeiten verwendbar ist. Voraussetzung für diese Art der Anordnung ist natürlich, daß sich die Maschine vollständig im Kreise herumschwenken läßt, wie es tatsächlich bei einigen bestbewährten Fabrikaten der Fall ist.

37. Gerade Vorrichtungsreihe. Ist es aus irgendeinem Grunde, z. B. wegen der Krananlage, nicht möglich, die Vorrichtungen im Kreise aufzustellen, so besteht noch die Möglichkeit, sie geradlinig, wie in Bild 84, anzuordnen. Das ist jedoch bereits mit nicht unerheblichen Kosten

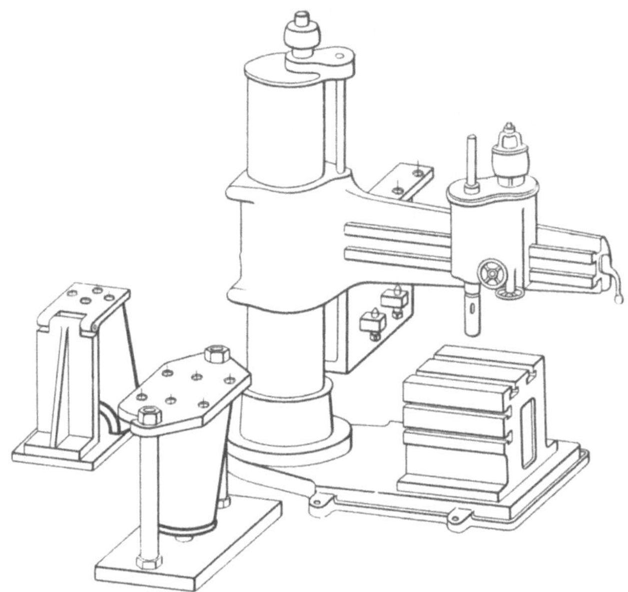

Bild 83. Kreisförmige Vorrichtungsreihe an einer Radialbohrmaschine

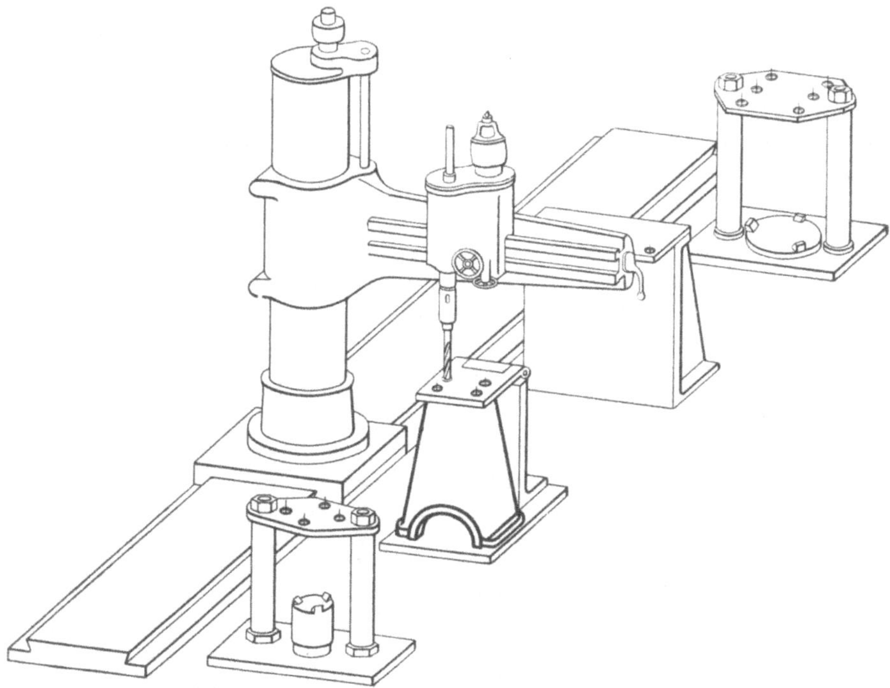

Bild 84. Gerade Vorrichtungsreihe an einer Radialbohrmaschine

verknüpft, denn die Bohrmaschine muß auf eine lange Grundplatte, ähnlich einem Drehbankbett, gestellt werden, auf der sie durch motorische Kraft an die jeweils zu benutzende Vorrichtung herangefahren werden kann. Eine Wirtschaftlichkeitsberechnung muß dieser Anordnung daher selbstverständlich vorausgehen.

38. Vorrichtungsreihen auf anderen Maschinenarten. Für das Anordnen von Vorrichtungsreihen eignen sich noch Waagerechtbohr- und Fräswerke mit schwenkbaren Tischen. Da sich jedoch kaum mehr als zwei Vorrichtungen gleichzeitig aufspannen lassen werden, ohne daß sie sich gegenseitig im Betriebe behindern, so wird man nur in seltenen Fällen mit entschiedenem Vorteil davon Gebrauch machen können. Ein Beispiel zeigt Bild 85: Auf einem Waagerechtbohrwerk ist eine Doppelbohrspannvorrichtung für zwei verschieden große Motorlagerstühle aufgebaut. Durch Drehen des Tisches um 180° kann jede der Vorrichtungen sofort in Betrieb genommen werden.

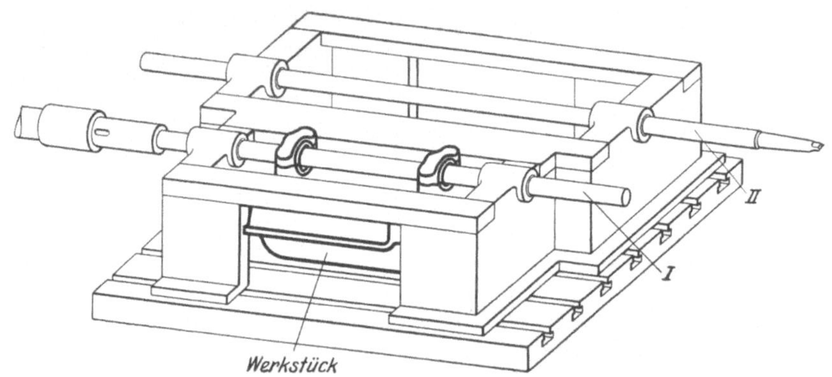

Bild 85. Doppelbohrspannvorrichtung für zwei verschiedene Werkstücke auf einem Waagerechtbohrwerk

B. Bedeutung der Nebenzeiten und ihre Verminderung durch Maschinenumstellung

Bei Vorrichtungen für kleine handliche Werkstücke sind die Nebenzeiten sehr gering und daher bedeutungslos, vorausgesetzt, daß die Vorrichtungen sachgemäß durchgebildet sind. Handelt es sich aber um große und schwere Werkstücke, die ohne Hebezeuge nicht mehr hantiert werden können, so sind die Nebenzeiten naturgemäß wesentlich größer und können bisweilen so beträchtlich sein, daß es lohnend ist, zu überlegen, wie sie vermindert werden können. Der Fall dafür ist besonders bei der laufenden Fertigung gegeben, also dann, wenn die Maschinen ununterbrochen mit der gleichen Arbeit besetzt werden können und somit keine Rüstzeiten für das Aufstellen der Vorrichtungen anfallen. Nachfolgend wird an einem Beispiel gezeigt, wie durch die gleiche Maßnahme nicht nur die Nebenzeiten wesentlich vermindert werden, sondern darüber hinaus auch eine vielgestaltige Vorrichtung erspart wird.

39. Vorrichtungen im Arbeitsbereich mehrerer Maschinen. Es ist immer sehr vorteilhaft, wenn das Werkstück im ersten Arbeitsgang so hergerichtet werden kann, daß es bei allen Aufspannungen für die nachfolgenden Arbeitsgänge mittels einfachster Spannvorrichtungen vollbestimmt werden kann. Bei der Rundbearbeitung geht das ohne weiteres z.B. durch Drehen einer Kreisfläche mit Außen- oder Innenpassung. Bei der Langbearbeitung geht das natürlich nicht. Die zu bearbeitende Ausgangsform für die Vollbestimmung ist in der Regel nur in zwei getrennten Arbeitsgängen und Aufspannungen und oft auch nur auf zwei verschiedenen Maschinen durchführbar. So kann z.B. eine gehobelte oder gefräste Fläche erst dadurch für die Vollbestimmung fertiggemacht werden, daß in einem zweiten

Arbeitsgang Schrauben- und Paßstiftlöcher gebohrt werden. Das erfordert zwei vielgestaltige Vorrichtungen mit Ausmittorganen und zwei Aufspannungen.

In Bild 86 wird nun gezeigt, wie beide Arbeitsgänge in einer Aufspannung und einer Vorrichtung ausgeführt werden können. Ein Kurzhobler, eine Radialbohrmaschine und eine Doppelbohrspannvorrichtung sind so zu einer Arbeitseinheit zusammengestellt worden, daß die Vorrichtung im Arbeitsbereich beider Maschinen steht. Zwei Werkstücke (Motorständer) können gleichzeitig aufgespannt und abwechselnd gehobelt und gebohrt werden. Die Vorteile dieses Verfahrens sind ganz bedeutend, denn es werden nicht nur die Nebenzeiten für ein zweites Aufspannen und den Transport von einer Maschine zur andern erspart, sondern auch die Fehler von vornherein ausgeschaltet, die sich sonst bei dem Umspannen von einer Vorrichtung in die andere einschleichen können.

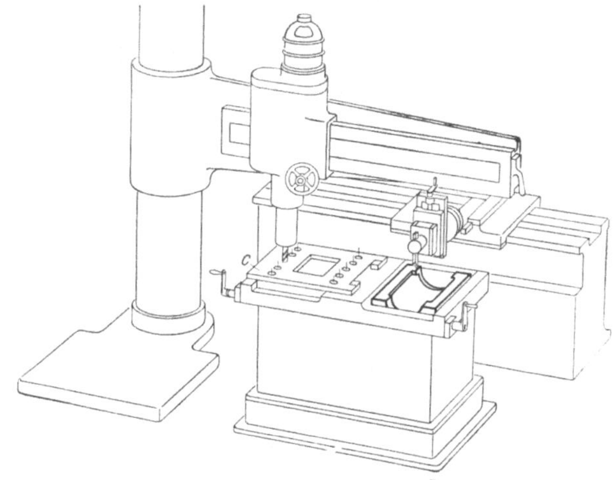

Bild 86. Doppelbohrspannvorrichtung im Arbeitsbereich von zwei Maschinen

C. Wirtschaftliche Richtlinien für das Aufstellen einzelner Vorrichtungen

Reine Spannvorrichtungen für die Rundbearbeitung lassen sich überhaupt nicht und solche für die Langbearbeitung nur selten mit Vorteil mehrfach in Reihen anordnen, so daß in der Reihenfertigung noch genug mit dem Übelstand des Auswechselns der Vorrichtungen gekämpft werden muß. Jedoch kann man auch hier, wie im nachfolgenden gezeigt wird, durch planmäßiges Vorgehen die Unkosten erheblich vermindern. Viel Zeit kann schon allein dadurch gespart werden, daß man alle Verbindungen zwischen Maschine und Vorrichtung so praktisch durchbildet, daß das Umwechseln einer Vorrichtung möglichst wenig Zeit beansprucht. Eine Vorrichtung verliert viel an Wert, wenn sie nur schlecht und behelfsmäßig aufzuspannen ist.

40. Festspannen der Vorrichtungen. Alle Vorrichtungen, die man häufig umwechseln, also an- und abbauen muß, werden zu dem Zweck mit Schlitzen (Bild 87) versehen, die weit praktischer sind als gewöhnliche Schraubenlöcher, denn man kann die Befestigungsschrauben, ohne die Muttern ganz abschrauben zu müssen, seitlich hineinschieben. Man erspart auch das Herüberheben über die Schrauben, das sonst erforderlich und bei schweren Vorrichtungen lästig wäre[1].

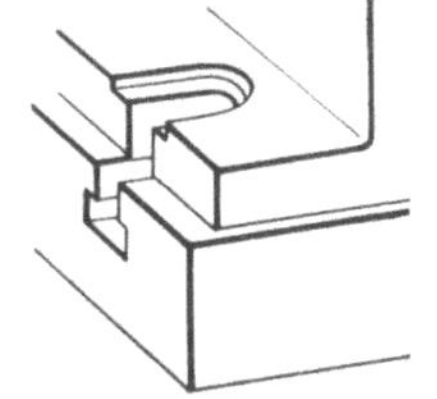

Bild 87. Offener Schraubenschlitz für Vorrichtungsbefestigung

Ist beim Ausrichten der Vorrichtung nur die Richtung gegenüber dem Werkzeug zu bestimmen, so erreicht man das durch Nutensteine oder auch durch gehärtete Führungsscheiben[2], die in die Nuten der Maschinentische passen. Oft ist

---

[1] Siehe Werkstattbücher Heft 33, MAURI, H.: Vorrichtungsbau I, 9. Aufl. 1969, S. 65, Bild 333 u. Tab. 6.

[2] Ebenda, Bild 332.

aber auch eine bestimmte Entfernung zum Werkzeug festzulegen, was, wie im Abschn. 44 ausgeführt wird, nicht immer ganz einfach und daher zeitraubend ist. Um nun das jedesmalige Neuausrichten zu ersparen, muß die Lage der Vorrichtung nach dem erstmaligen Ausrichten auf dem Maschinentisch in irgendeiner Weise kenntlich gemacht werden. Oft genügen schon Markenrisse auf der Fußplatte der Vorrichtung und auf dem Maschinentisch. Besser und zuverlässiger ist es jedoch in jedem Falle, wenn die richtige Lage durch Paßstifte gesichert wird. Um nun nicht den Tisch anbohren zu müssen, ist folgendes Verfahren zu empfehlen: Der Maschinentisch wird mit einer besonderen, genügend starken Zwischenplatte versehen, mit der er dauernd fest verbunden bleibt. Auf dieser Platte kann nun jede einzelne Vorrichtung, sofern es erforderlich ist, durch Paßstifte in der einmal genau ausgerichteten Lage gesichert werden. Auch können für jede Vorrichtung die Befestigungsschraubenlöcher an beliebiger Stelle gebohrt werden.

41. Ausrichten der Bohrspannvorrichtungen auf Waagerechtbohr- und Fräswerken. Besondere Schwierigkeiten macht hierbei in der Regel das Ausfluchten der Bohrstange bzw. der Bohrspindel auf die Werkzeugführungen oder auch umgekehrt das Ausfluchten der in der Vorrichtung geführten Bohrstange auf die Bohrspindel. Schon verhältnismäßig geringe Fehler, die dabei gemacht werden, können unzulässige Fehler bei der Bearbeitung ergeben, deren eigentliche Ursachen meistens immer zuerst woanders gesucht werden. Das Ausfluchten ist für gewöhnlich eine sehr zeitraubende Arbeit. Werden aber besondere Maßnahmen getroffen, so kann man die Ausrichtzeiten ganz wesentlich verkürzen, bei manchen Vorrichtungen so

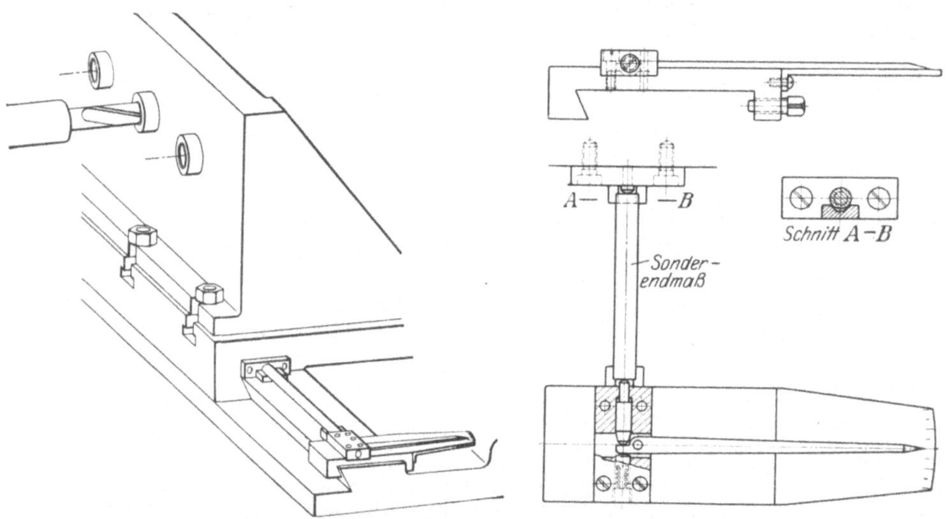

<table>
<tr><td>Bild 88. Verstellung eines Bohrwerktisches auf die Lochabstände der Bohrvorrichtung mit Hilfe von Sonderendmaßen und einem Zeigerwerk</td><td>Bild 89. Zeigerwerk mit Einrichtung zum Einlegen der Endmaße für das Verfahren Bild 90</td></tr>
</table>

weit, daß sie kaum noch ins Gewicht fallen. Muß die Maschine bei der gleichen Vorrichtung abwechselnd auf mehrere Führungen ausgefluchtet werden, so ist es sehr praktisch, nachdem die Maschine auf eine Führung ausgefluchtet ist, eine Einrichtung mit Zeigerwerk auf der Tischführung anzubringen, so daß man Sonderendmaße einlegen und die einzelnen Stellungen schnell und genau einstellen kann. Eine derartige Einrichtung ist in den Bildern 88 und 89 dargestellt. Im nachfolgenden wird auf das Ausfluchten selbst noch etwas näher eingegangen.

a) Ausfluchten auf einfache Werkzeugführung. Die Vorrichtung mit den Werkzeugen selbst, wie Spiralbohrer, Senker usw., auszufluchten, ist immer ungenügend und führt, wenn schon nicht immer zu unzulässigen Bearbeitungsfehlern, so doch jedenfalls immer zu einem frühzeitigen Verschleiß von Maschine, Werkzeug und Vorrichtung.

Nach Bild 90 wird die Bohrspindel mit einem *genau geschliffenen Meßdorn* versehen und mit einer Meßuhr auf schlagfreies Laufen nachgeprüft. Mit einer auf dem Dorn verschiebbaren, schlagfrei geschliffenen Buchse kann man nun sehr feinfühlig die Bohrbuchsenbohrung unter langsamer Verstellung der Vorrichtung bzw. der Maschine so lange abtasten, bis sie sich leicht in die durchmessergleiche Bohr- bzw.

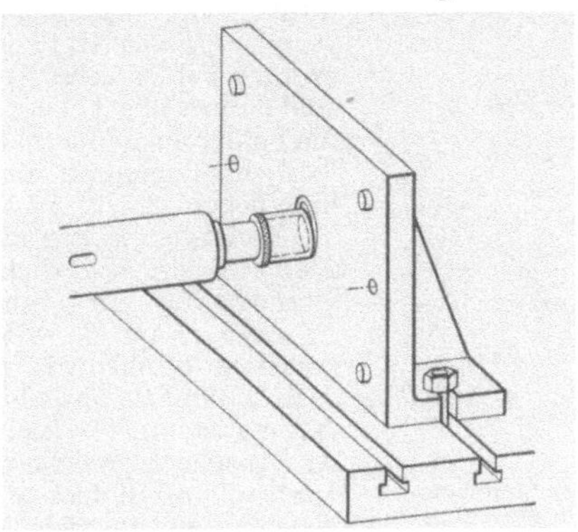

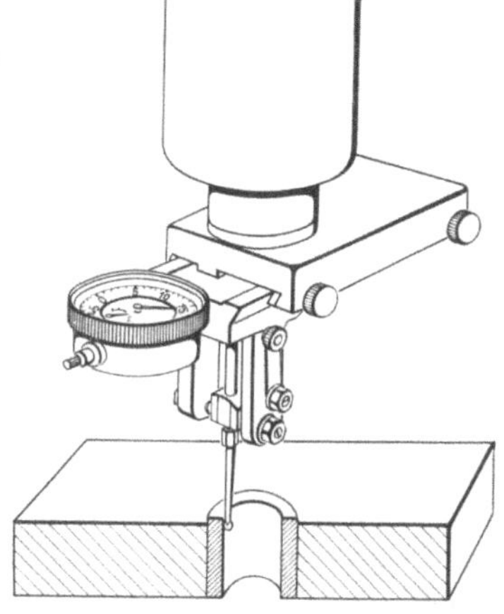

Bild 90. Ausfluchten der Bohrspindel auf die Werkzeugführung einer Bohrspannvorrichtung mit Hilfe einer Buchse

Bild 91. Zentriermeßgerät. Unitat (Otto Littmann KG, Hamburg)

Führungsbuchse der Vorrichtung hineinschieben läßt. An Stelle besonderer Einstellbuchsen können natürlich auch Führungssteckbuchsen, falls solche an der Vorrichtung vorhanden sind, verwendet werden.

Genauer läßt sich die Bohrspindel mit dem praktisch bewährten *Zentriermeßgerät Unitat* (Bild 91) auf die Werkzeugführung ausrichten. Dieses Gerät wird mit seinem Kegelschaft in der Maschinenspindel festgesetzt, der Meßschlitten auf den Werkzeugführungsdurchmesser ausgefahren und dann mit dem Fühlstift die Werkzeugführung unter Drehen der Maschinenspindel und Nachstellen des Meßschlittens so lange abgefahren, bis man entweder die Vorrichtung oder die Spindel so weit ausgerichtet hat, daß die Meßuhr bei Dreh- und Längsbewegung der Spindel 0 anzeigt. Geeignet für Waagerechtbohrwerke sowie Senkrechtbohr- und Fräsmaschinen.

b) Ausfluchten auf doppelte Werkzeugführung. Vorrichtungen mit doppelter Werkzeugführung so genau ausfluchten, wie es die auszuführende Arbeit erfordert, ist oft

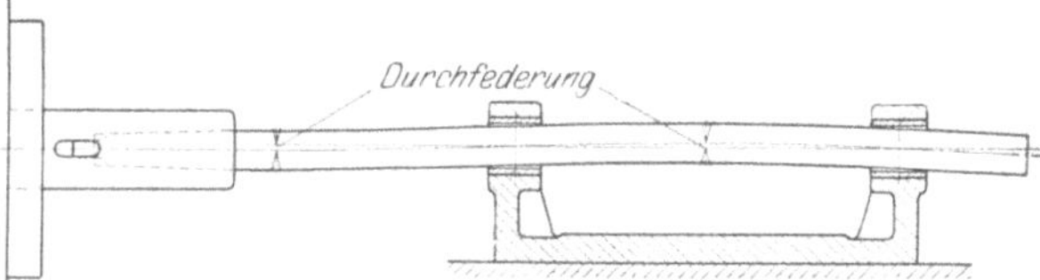

Bild 92. Darstellung der Durchfederung einer doppelt geführten Bohrstange bei ungenauem Fluchten mit der Bohrspindel

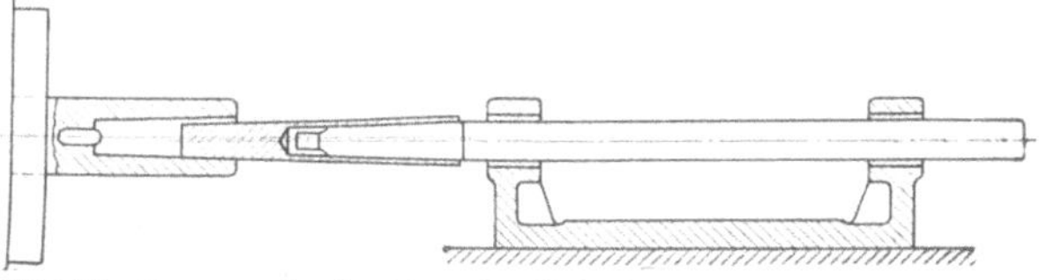

Bild 93. Genaues Ausfluchten der Bohrstange mit der Bohrspindel durch Anreiben mit einer Sonderkegelhülse

kaum möglich. Es ist auch für einen Werkzeugmacher schwierig, beide Führungsbuchsen bzw. die in ihnen gelagerte Bohrstange in die richtige Lage zur Bohrspindel zu bringen. Ungenaues Fluchten verursacht hierbei aber die verschiedenartigsten Bearbeitungsfehler, wie unrunde, krumme und kegelige Bohrungen, die sich besonders bei langen Bohrungen bemerkbar machen. Zu erklären sind diese Fehler, wie in Bild 92 darzustellen versucht ist, durch zwangsweises Durchfedern der Bohrstange.

Für das genaue Ausfluchten der Vorrichtung hat sich das in Bild 93 dargestellte Verfahren bewährt. Es wird eine genau gearbeitete *Zwischenkegelhülse* benutzt, die man im Innenkegel der Bohrspindel wegen des Fehlens des Mitnehmerlappens anreiben kann. Am einseitigen Tragen kann man feststellen, ob und in welcher Richtung die Vorrichtung auf dem Maschinentisch noch verändert werden muß. Dieses Verfahren ist aber noch recht zeitraubend und kann nur verantwortet werden, wenn es nur verhältnismäßig selten wiederholt werden muß. Andernfalls empfiehlt es sich eher, die Bohrstange nicht durch den üblichen Morsekegel starr mit der Bohrspindel zu verbinden, sondern durch eine nachgiebige *Ausgleichskupplung* (Bild 94). Auch gröbere Fehler beim Ausfluchten sind dann völlig belanglos, sofern die Fehler noch innerhalb der Beweglichkeitsgrenzen der Kupplung liegen.

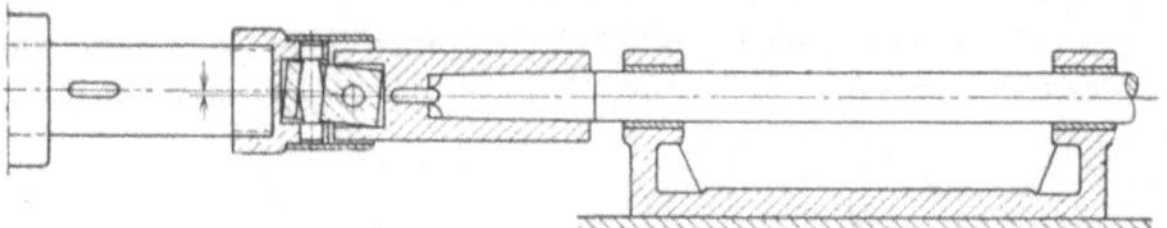

Bild 94. Richtige Verbindung doppelt geführter Bohrstangen mit der Bohrspindel durch Ausgleichskupplung

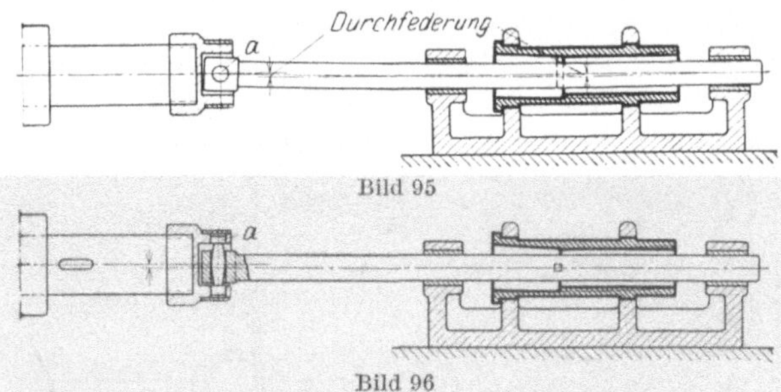

Bild 95

Bild 96

Bilder 95 u. 96. Schlechte Verbindung doppelt geführter Bohrstangen mit der Bohrspindel durch unvollkommene Ausgleichskupplung

Richtige *Konstruktion der Kupplung* ist natürlich Voraussetzung für ein einwandfreies Arbeiten. Wenn sie, wie es häufig geschieht, ähnlich wie in den Bildern 95 und 96 ausgebildet werden, so ist nur ein *unvollständiger* Ausgleich möglich. In der Drehstellung Bild 95 ist der Ausgleich wohl möglich, denn die Bohrstange kann um die notwendige Entfernung nachgeben, wird also nicht durchzufedern brauchen. Um 90° verdreht (Bild 96) ist der Ausgleich aber nicht mehr möglich: die Bohrstange kann nicht die natürliche Lage einnehmen, sondern sie wird zur Durchfederung gezwungen. Welcher Art und wie groß die Bearbeitungsfehler bei dieser unvollständigen Ausgleichskupplung sind, hängt nun davon ab, welche Richtung der Schneidmeißel zu dem Kupplungsbolzen a hat. Die hier gezeichnete Anordnung (um 90° zueinander versetzt) ist die ungünstigste, denn sie muß eine gekrümmte Bohrung ergeben, wie in den Darstellungen übertrieben angedeutet. Wird der Schneidmeißel jedoch in gleicher Richtung wie der Kupplungsbolzen angeordnet, so werden auch bei dieser Kupplung die Bearbeitungsfehler schon sehr gering sein. Da nun in jedem Falle durch das Durchfedern der Bohrstange die Führungen sehr bald beschädigt werden (die

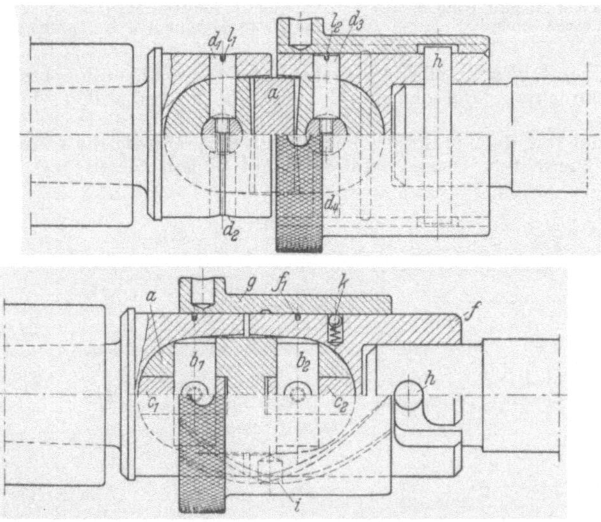

Bild 97. Ausgleichskupplung mit Bajonettverschluß

a Gabelförmiges Gelenkstück; b_1 und b_2 Gelenkbolzen, verbinden gelenkartig a mit Gelenkstücken c_1 und c_2; Gelenkbolzen d_1, d_2, d_3, d_4 verbinden c_1 und c_2 mit Kuppelstück f bzw. dem Kegelschaft; g Schutzhülse, innen schraubig genutet, verschiebt sich beim Verdrehen in axialer Richtung; h Kupplungsbolzen, sitzt fest in Bohrstange; i Führungsstift; k Kugel für Rastung; l_1 und l_2 Federsicherungen für Gelenkbolzen d_1 bis d_4

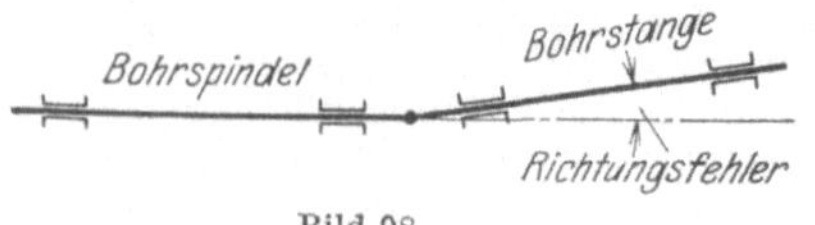

Bild 98

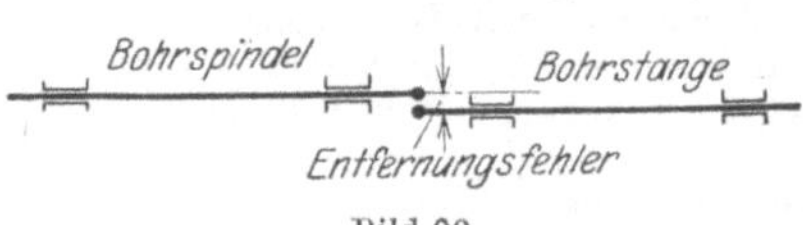

Bild 99

Bilder 98 u. 99. Darstellung des Begriffes für Richtungs- und Entfernungsfehler

Stange macht sich gewaltsam Luft), so ist immer eine *Kupplung mit vollständigem Ausgleich* zu empfehlen. Eine bestens bewährte Konstruktion zeigt Bild 97. Die Vorrichtung kann hierbei sowohl mit Richtungsfehlern (Bild 98) als auch mit Entfernungsfehlern (Bild 99) aufgebaut sein.

42. Das Aufstellen der Bohrspannvorrichtungen auf Ständerbohrmaschinen, ähnlich wie bei den Waagerechtbohrwerken, kommt natürlich nur bei schweren Standvorrichtungen in Frage und ist wegen der senkrechten Lage der Bohrspindel verhältnismäßig einfach. Man kann wie in den Bildern 91 und 100 verfahren oder auch mit einer an der Bohrspindel befestigten Meßuhr die Vorrichtung wie in Bild 101 ausrichten. Bei kleinen Vorrichtungen erübrigt sich selbstverständlich ein derartiges Ausrichten, denn der Bohrer holt sich die Vorrichtung selbsttätig her.

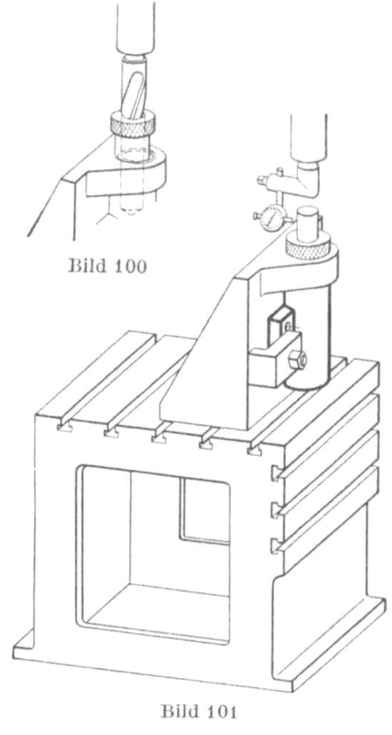

Bild 100

Bild 101

Bilder 100 u. 101. Ausfluchten der Bohrmaschinenspindel auf die Werkzeugführung einer Standbohrspannvorrichtung durch Buchse oder Meßuhr mit Dorn

IV. Das Arbeiten mit den Vorrichtungen

Auch mit sehr zweckmäßig durchgebildeten Vorrichtungen kann so unpraktisch und fehlerhaft gearbeitet werden, daß weder die für die Austauschfähigkeit erforderliche Genauigkeit noch eine den Herstellungspreis der Vorrichtungen rechtfertigende Verbilligung erreicht wird. Dieser Fall kann eintreten, wenn z. B. eine neuartige Fertigung aufgenommen wird, auf die alle Beschäftigten sich erst einstellen oder umgeschult werden müssen. Die vollkommene wirtschaftliche Ausnutzung der Vorrichtungen kann auch dadurch gefährdet werden, daß die Vorwerkstätten, wie Gießerei, Schmiede und Schweißerei, den Erfordernissen für eine Bearbeitung in Vorrichtungen nicht genug Verständnis und Interesse entgegenbringen und ihrerseits die etwa erforderlich werdenden Versuche und Änderungen unterlassen. Es ist daher notwendig, daß vom Vorrichtungsbau alle Vorrichtungen mindestens so lange beobachtet werden, bis ihre wirtschaftliche Ausnutzung gewährleistet ist und alle betreffenden Stellen mit den Feinheiten und Schwächen der Vorrichtungen vertraut sind. Selbstverständlich werden sich da und dort auch noch Änderungen und Verbesserungen sowie die Herstellung von Hilfsvorrichtungen für die praktische Handhabung von Werkstücken und Werkzeugen als notwendig erweisen. Im nachfolgenden sollen einige Richtlinien und praktische Winke dafür gegeben werden, wie Genauigkeit und Schnelligkeit beim Arbeiten mit Vorrichtungen in befriedigendem Maße erreicht werden können.

A. Allgemeine grundsätzliche Richtlinien

Bevor die Vorrichtungen in Betrieb gesetzt oder überhaupt Werkstücke in Vorrichtungen bearbeitet werden, sind zunächst die folgenden grundsätzlichen Richtlinien zu beachten:

43. Vorprüfung und Vorbereitung der Werkstücke für die Bearbeitung in Vorrichtungen. Eine Hauptaufgabe der Vorrichtungen ist Einsparung des Anreißens. Das Anreißen war aber früher gleichzeitig eine Prüfung für die Brauchbarkeit der Rohlinge, ob Schmiede-, Schweiß- oder Gußstücke. Diese Prüfung darf nun keineswegs fortfallen, sonst sind spätere Bearbeitungsfehler und Schönheitsfehler großen Umfanges unvermeidlich, die dann in der Regel ganz unberechtigterweise den Vorrichtungen zugeschoben werden.

Gesenkschmiedestücke müssen vor der ersten Arbeitsstufe stichprobenweise geprüft werden auf Genauigkeit, Oberflächenbeschaffenheit und genügenden Abschliff des Gesenkgrates, der sonst das richtige Einlegen in die Vorrichtung verhindert, ebenso *Schweißteile* auf Verzug. Nicht einwandfreie Stücke sind zur Vorwerkstatt zurückzuweisen, die ihrerseits Vorkehrungen treffen muß, um solche Fehler in Zukunft zu vermeiden. Bei *Gußstücken* können Kern- und Lochwarzenverlagerungen sowie hinderliche Reste von Einguß- und Steigetrichtern vorkommen.

4*

Mit einfachen Formlehren aus Blech kann man die Genauigkeit der Stellen nachprüfen, an denen die Werkstücke in der Vorrichtung zum Zentrieren und Bestimmen aufgenommen werden. Zeigen sich hier größere Fehler, so ist die Gießerei auf diese besonders aufmerksam zu machen, damit entsprechende Änderungen beim Einformen, gegebenenfalls auch Modelländerungen vorgenommen werden. Geringe Oberflächenfehler und Unsauberkeiten sind sorgfältig zu verputzen. *Kleinere* Preß- und Gußstücke kann man häufig auch dadurch schnell und einwandfrei prüfen, daß man sie in die Vorrichtung für die erste Arbeitsstufe hineinlegt, wobei man ihre Brauchbarkeit an der richtigen Bearbeitungszugabe bzw. dem richtigen Sitz der Lochwarzen erkennen kann. Kleinere Preßteile und schmiedbare Gußteile kann man auch in besonderen Gesenken unter Spindel- und Exzenterpressen scharf *nachpressen*, wodurch Schönheitsfehler bei der Bearbeitung vermieden werden können. Für *Stanzteile* wendet man auch das Durchzugsverfahren zum Egalisieren der Werkstücke an.

44. Anforderungen an die Werkzeugmaschinen beim Arbeiten mit Vorrichtungen.

Bei *reinen Spannvorrichtungen* werden in der Regel keine höheren Anforderungen an die Genauigkeit der Maschinen gestellt als beim Arbeiten ohne Vorrichtungen. Im Gegensatz dazu wird beim Arbeiten mit *Bohrspannvorrichtungen* oft jedoch eine besondere Genauigkeit von den Maschinen verlangt. Das liegt daran, daß der Verwendungsbereich der Bohrmaschinen eben durch die Vorrichtungen beträchtlich erweitert und auch auf solche Arbeiten ausgedehnt wird, die sonst genau genug nur auf Drehbänken und Waagerechtbohrwerken hergestellt werden können, hauptsächlich lange, genau richtungsbestimmte Paßlöcher oder solche, die in mehreren Wandungen sitzen und genau miteinander fluchten müssen. Dabei wird es sich häufig zeigen, daß nicht jede Bohrmaschine, die der Größenordnung nach genügt, brauchbar ist, und daß trotz einwandfrei hergestellter Vorrichtung keine gute Arbeit geliefert werden kann, wenn die Maschine nicht nach besonderen Gesichtspunkten ausgewählt bzw. geprüft wurde. Jedoch braucht man nicht in *jedem* Falle, wenn mit Vorrichtungen genaue Bohrarbeiten hergestellt werden sollen, eine entsprechend genaue Bohrmaschine zu verwenden, im Gegenteil: Man kann sehr genaue Arbeiten auch auf ausgearbeiteten Maschinen herstellen, es kommt nur auf die Art der

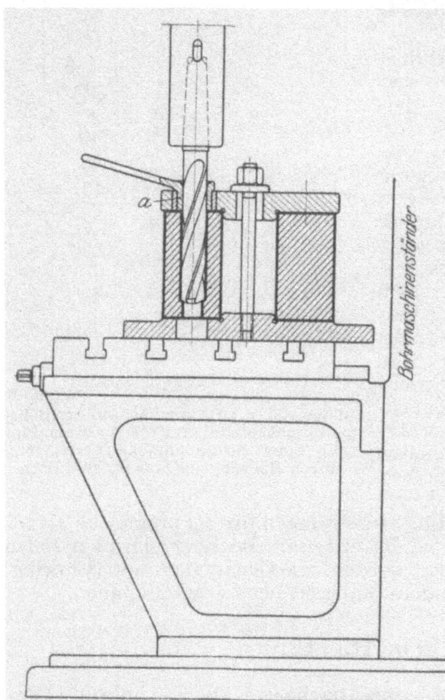

Bild 102. Bohren genau richtungsbestimmter Löcher auf starrer und auf Genauigkeit nachgeprüfter Maschine mittels Vorrichtung mit einfach durch Buchse *a* geführtem Werkzeug. Maschinenspindel und Werkzeug sind durch starren Morsekegel verbunden

Vorrichtung an, die entweder an allen maßgebenden Teilen der Maschine größte Genauigkeit bedingt, oder die von der Maschine ganz unabhängig ist und der die Maschine lediglich als Kraftquelle dient.

Grundsätzlich müssen also für Bohrvorrichtungsarbeiten die Bohrmaschinen nicht nur nach Art der Werkstücke, sondern mehr noch unter Berücksichtigung der *Vorrichtungen ausgewählt* werden, die sich in dieser Hinsicht wie folgt unterscheiden:

a) Vorrichtungen mit einfachen Werkzeugführungen, mit denen nur die Entfernungen der Löcher voneinander bestimmt werden und die zur genauen Richtungsbestimmung der Löcher (falls diese für das Werkstück erforderlich ist) eine entsprechend genaue Maschine erfordert, die eine genaue Richtung der Löcher verbürgt.

Für das Bohren untergeordneter Löcher, wie z. B. für Durchgangs- und Kopfschrauben, Augbolzen- und Abdrückschrauben, Niete u. dgl. sowie Durchtrittslöcher für irgendwelche Medien werden meistens auch Vorrichtungen mit einfachen Werkzeugführungen hergestellt, da derartige Löcher nicht genau richtungsbestimmt zu sein brauchen. Darum erübrigt sich für solche Bohrarbeiten eine besondere Auswahl und ein Prüfen der Maschinen von selbst, wenn die Bohrvorrichtung nicht auch zugleich, wie das bei manchen Werkstücken vorkommt, noch Werkzeugführungen für solche Löcher enthalten, deren Richtungen stimmen müssen.

Bild 102 zeigt eine Vorrichtung dieser Art. Das Bohrwerkzeug, ein Senker, ist nur in der kurzen Bohrbuchse a geführt. Das herzustellende Loch soll genau senkrecht zur Aufspannfläche des Werkstückes liegen. Die Bohrmaschinenspindel, von der allein in einem solchen Fall die Richtung des zu bohrenden Loches abhängt, muß genau senkrecht zum Maschinentisch stehen, und die Bohrspindel darf durch die auftretende Bohrkraft nicht abgebogen werden. In einem solchen Fall ist daher nur eine *starre Maschine* (Ständerbohrmaschine oder abgestützte Radialbohrmaschine) zu verwenden. Werkzeug und Maschinenspindel dürfen nicht durch eine Ausgleichkupplung oder ein Schnellwechselfutter miteinander verbunden werden, die eine wenn

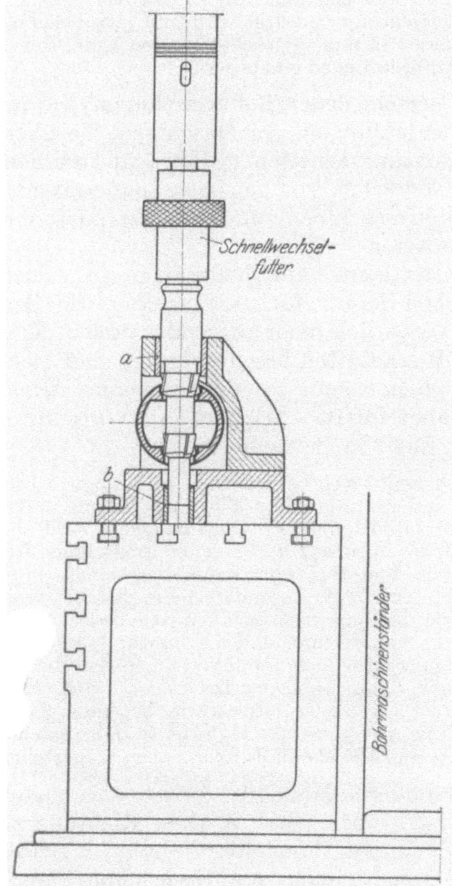

Bild 103. Bohren genau richtungsbestimmter Löcher auf starrer, aber nicht auf Genauigkeit nachgeprüfter Maschine mittels Vorrichtung mit doppelt in den Buchsen a und b geführtem Werkzeug. Maschinenspindel und Werkzeug sind durch das etwas pendelnd wirkende Schnellwechselfutter miteinander verbunden

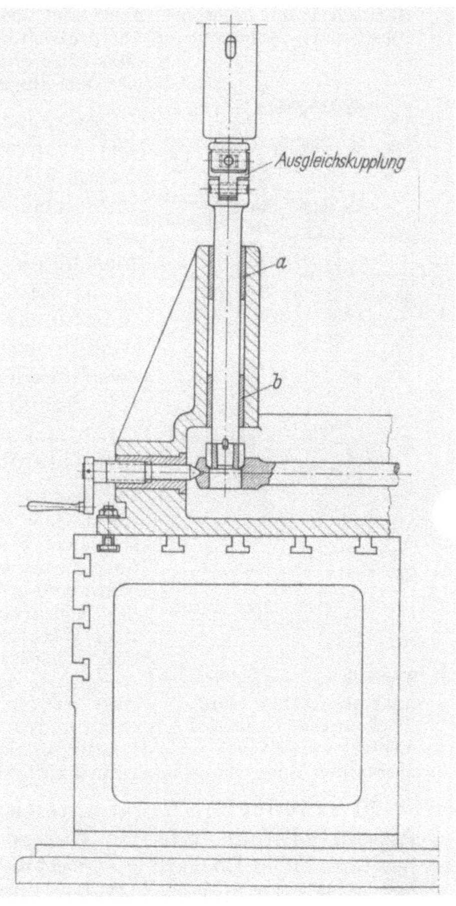

Bild 104. Bohren genau richtungsbestimmter Löcher auf etwas nachgiebiger Radialbohrmaschine mittels Vorrichtung mit gerade, in den Buchsen a und b geführtem Werkzeug. Maschinenspindel und Werkzeug sind durch Ausgleichkupplung miteinander verbunden

auch noch so geringe Pendelwirkung besitzen und deshalb geringe Abweichungen des Werkzeuges zulassen, sondern nur durch den starren Werkzeugkegel. Maschinen, die für Vorrichtungen dieser Art zum Bohren von genau richtungbestimmten Löchern verwendet werden sollen, müssen vorher auf ihre Genauigkeit überprüft werden (s. Abschn. 45),

b) Vorrichtungen mit doppelten Werkzeugführungen[1], mit denen allein die Löcher sowohl entfernungs- als auch richtungbestimmt werden und die bezüglich der Genauigkeit von der Bohrmaschine (die dann nur als Kraftquelle und Antrieb dient) ganz unabhängig sind.

Die Bilder 103 und 104 zeigen Vorrichtungen dieser zweiten Art. Im Bild 103 ist das Bohrwerkzeug, ein Stufensenker, oberhalb des Werkstückes in Buchse *a* und unterhalb in Buchse *b* geführt. Die Vorrichtung gewährleistet die genaueste senkrechte Richtung zur Achse des Werkstückes, eines Motorkolbens. Es kann eine Bohrmaschine beliebiger Art und Konstruktion benutzt werden. Das Werkzeug darf jedoch *nicht* durch den starren Werkzeugkegel mit der Maschinenspindel verbunden werden, sondern muß mehr oder weniger pendeln können. Wird eine *starre* Maschine verwendet, so genügt, wie in der Abbildung ersichtlich, bereits ein weniger starres Schnellwechselfutter, das übrigens für diese Zwecke auch besonders pendelnd ausgeführt wird. Im Bild 104 wird das Werkzeug zwar nur oberhalb des Werkstückes in den beiden Buchsen *a* und *b* geführt; diese sind aber so weit voneinander angeordnet, daß hier ebenfalls eine genaue Bohrrichtung allein durch die Bohrvorrichtung verbürgt wird und jede beliebige Maschine ohne besondere Prüfung verwendet werden kann, sofern sie den allgemeinen Anforderungen entspricht.

45. Eignung der verschiedenen Bohrmaschinentypen für das Arbeiten mit Vorrichtungen. An Maschinen, die überhaupt für Bohrvorrichtungsarbeiten in Betracht kommen, unterscheidet man, abgesehen von gewissen Sondermaschinen, wie Lehrenbohrmaschinen und Mehrspindelbohrmaschinen, folgende Arten:

a) Säulenbohrmaschinen sind heutzutage in reinen Maschinenbaubetrieben kaum noch anzutreffen. Ihr Anwendungsgebiet ist eigentlich mehr auf Schlossereien, Kesselschmieden u. dgl. Werkstätten beschränkt. Sie sind nicht sehr handlich, ermöglichen kein besonders genaues Arbeiten und kommen daher für das Arbeiten mit Vorrichtungen wohl überhaupt nicht in Betracht.

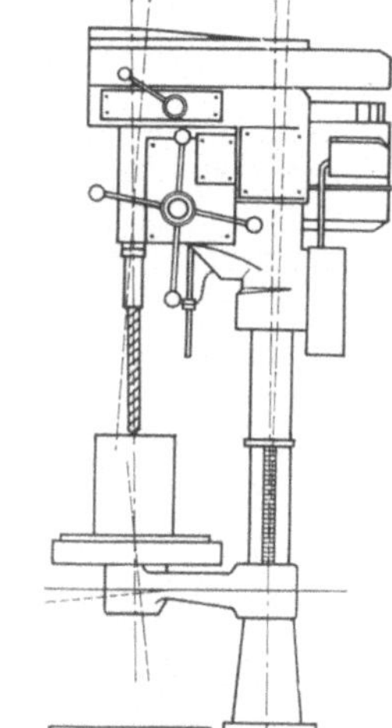

Bild 105. Nachgiebige Säulenbohrmaschine

Ihre Unhandlichkeit ergibt sich besonders beim Bohren mehrerer Löcher dadurch, daß der Tisch für jede Lochstellung eingeschwenkt werden muß (Bild 105). Die Ungenauigkeit wird dadurch verursacht, daß der meistens an Säulenbohrmaschinen frei schwingende Tisch, wie in dem Bild übertrieben dargestellt, unter der Bohrkraft nachgibt. Das trifft besonders beim Bohren sperriger Werkstücke zu, die den ganzen Maschinentisch bedecken, so daß er herumgeschwenkt werden muß und die Bohrkraft auf eine Tischkante wirkt. Hierbei kann sich der Tisch ganz erheblich durchbiegen, so daß die gebohrten Löcher ziemlich schief werden. Aber auch dann, wenn der Tisch etwa durch einen Bock unterstützt wird oder man ihn gar durch einen auf der Grundplatte aufliegenden Tisch ersetzt, werden sich noch Richtungsfehler beim Bohren ergeben, da auch der Ständer solcher Maschinen oben etwas nach hinten durchfedert (in Bild 105 ebenfalls übertrieben dargestellt).

b) Ständerbohrmaschinen sind im besonderen Maße für Vorrichtungen nach Abschn. 44a mit einfachen Werkzeugführungen, aber genau in ihrer Richtung zu bestimmenden Löchern geeignet, weil sich bei den auf ihnen auszuführenden Arbeiten wegen des starren Ständers und des massiven Tisches praktisch keine Abweichungen ergeben und diese Maschinen daher sehr genau arbeiten. Wenn sie trotzdem in Maschinenbauwerkstätten wenig anzutreffen sind, so liegt es erstens daran,

---

[1] Siehe Werkstattbücher Heft 33, MAURI, H.: Vorrichtungsbau I, 9. Aufl. 1969, Abschn. 59 b, S. 57.

daß mit ihnen nicht sehr vielseitig gearbeitet werden kann, und zweitens an ihrer etwas umständlichen Handhabung. Diese ergibt sich dadurch, daß weder Bohrspindel noch Tisch in ihrer Lage verändert werden können, so daß die Mitte des jeweils zu bohrenden Loches immer erst mit der Vorrichtung auf die Bohrerachse neu ausgerichtet werden muß. Das ist verhältnismäßig einfach, wenn nur ein Loch in das betreffende Werkstück zu bohren ist. Handelt es sich aber um mehrere oder gar viele Löcher, so ist das schon schwieriger. Sind aber mehrere Löcher nur von einer Seite zu bohren, so setzt man größere Vorrichtungen zweckmäßig auf Kreuztische (Bild 41) oder noch besser auf sogenannte Kreuzrolltische (Bild 42). Letztere lassen sich in der waagerechten Ebene nach allen Richtungen verschieben. Dadurch können sich die Werkzeugführungen der Vorrichtungen selbsttätig einfluchten. Der Tisch läßt sich in der Arbeitsstellung jeweils verblocken. In diesem Falle ist eine Ständerbohrmaschine wirtschaftlicher einzusetzen als alle anderen Arten Bohrmaschinen.

Bild 106 zeigt eine neuzeitlich nach modernen Richtlinien gut durchkonstruierte Ausführung, die in Verbindung mit einem Lehrenbohrtisch auch zur Bearbeitung von Vorrichtungen und kleineren Fertigungsreihen mit genauen Lochabständen geeignet ist, wenn nicht allerhöchste Genauigkeitsansprüche gestellt werden.

c) **Radialbohrmaschinen**, die heute meistens anzutreffenden Bohrmaschinen, sind an und für sich eigentlich für das Arbeiten mit Vorrichtungen der ersten Art nicht sonderlich geeignet, weil ihr Schwenkarm im Betriebe durch die Bohrkraft federnd nach oben gekippt wird (am Ende des Schwenkarmes kann man bisweilen mehrere Millimeter Aufbäumung feststellen). Dementsprechend verändert sich natürlich auch die Richtung der Bohrspindel zum Maschinentisch. Da aber diese Maschinen infolge des Schwenkarmes und des an diesem verschiebbaren Spindelschlittens sehr handlich sind, werden sie vielfach zur Erzielung einer besseren Genauigkeit durch behelfsmäßige Einrichtungen mit mehr oder we-

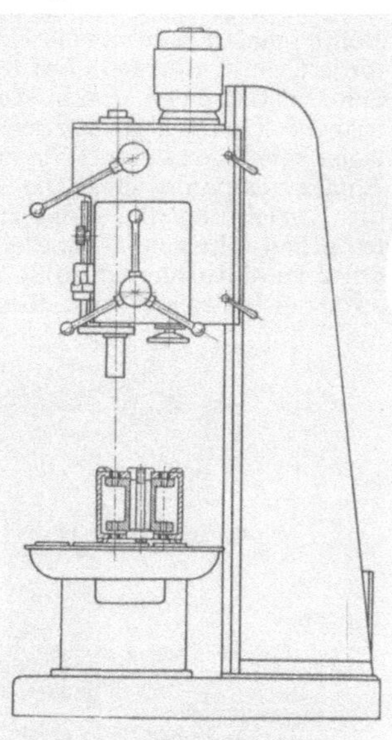

Bild 106. Ständerbohrmaschine geeignet zum Bohren richtungsbestimmter Löcher

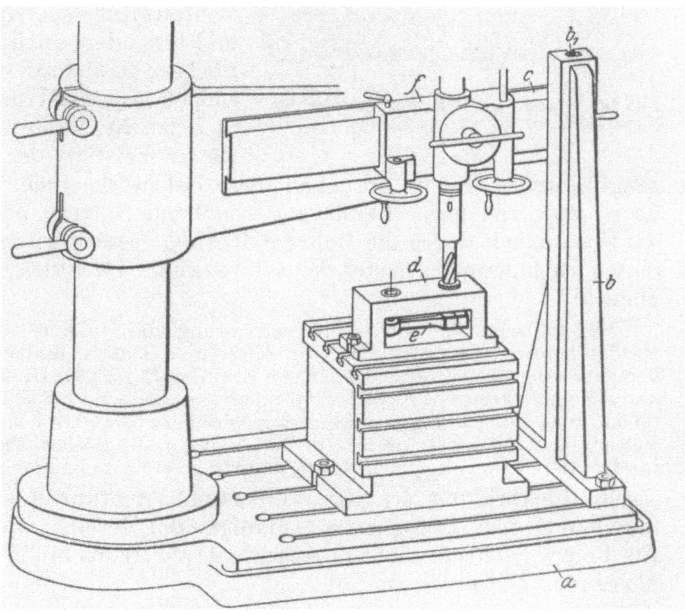

Bild 107. Zum Bohren genau richtungsbestimmter Löcher abgesteifte Radialbohrmaschine. *a* Grundplatte; *b* Stützbock; b_1 T-Nute; *c* Schwenkarm; *d* Vorrichtung; *e* Werkstück

niger Erfolg abgesteift, so daß die Vorteile voll ausgenützt werden können, ohne daß sich Nachteile ergeben.

In Bild 48 wurde bereits gezeigt, wie eine Radialbohrmaschine so gut abgestützt werden kann, daß sie in Verbindung mit einem Lehrenbohrtisch sogar als behelfsmäßiges Lehrenbohrwerk zu benutzen ist. Eine andere Art Abstützung einer Radialbohrmaschine, eingerichtet zum Bohren genau richtungsbestimmter Löcher mit einer Vorrichtung, die eine starre Maschine erfordert, zeigt Bild 107. Auf der Grundplatte a ist der Stützbock b befestigt, mit dem oben der Schwenkarm c der Maschine fest verschraubt ist. Für die Aufnahme der Befestigungsschraube ist bei b_1 eine T-Nute vorgesehen, so daß man den Arm ohne weiteres auch in anderen Höhenlagen befestigen kann. Dabei ist sorglich darauf zu achten, daß der Arm nicht infolge schlechter Anlage verspannt wird. Die Anlagefläche am Stützbock ist also genauestens abzurichten. d ist die Vorrichtung und e das zu bohrende Werkstück, eine Schubstange, deren Lagerlöcher bekanntlich sehr genau parallel zueinander liegen müssen. Man kann in diesem Fall, wo es sich um 2 verhältnismäßig große Bohrungen handelt, die nur von einer Seite gebohrt werden, auf zweierlei Weise arbeiten. Man kann *entweder* nämlich den Spindelschlitten f dauernd *feststellen*

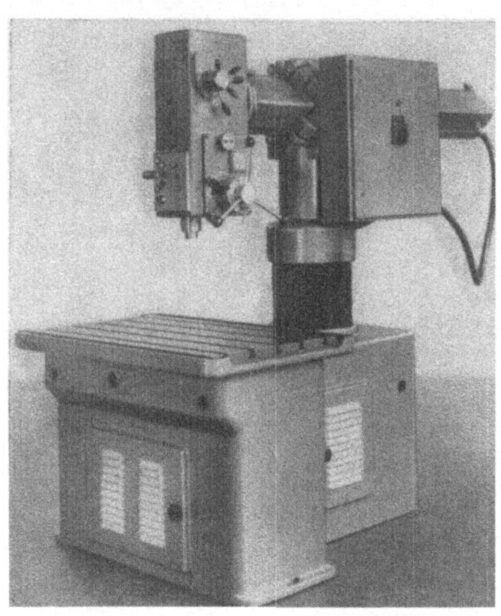

Bild 108. Starre Schnell-Radialbohrmaschine
(Gebr. Hoffmann Werkzeugmaschinen GmbH, Hamburg)

und die Vorrichtung (am besten mittels Kreuztisch) von Loch zu Loch verschieben *oder* auch umgekehrt die Vorrichtung als *Standvorrichtung* mit dem Tisch fest verbinden, in dieser Stellung unverändert lassen und den Spindelschlitten von Loch zu Loch verfahren. Handelt es sich um eine größere Werkstückzahl und sehr genau zu bohrende Löcher, so sollten die Endstellungen des Schlittens durch Anschläge festgelegt werden, nachdem die Bohrspindel in beiden Stellungen, wie in den Bildern 107 und 108 gezeigt, auf die Werkzeugführungen ausgefluchtet worden ist. In der Regel und vor allem dann, wenn mehrere Löcher und diese auch noch von verschiedenen Seiten zu bohren sind, wird aber bei Radialbohrmaschinen mit Verschieben der Vorrichtung gearbeitet.

Eine moderne verhältnismäßig steife Konstruktion, eine sog. Schnellradialbohrmaschine, zeigt Bild 108.

d) Waagerecht-Bohrwerke. Für das Bohren großer sperriger Werkstücke mit großen und besonders auch langen Löchern sowie von Löchern in mehreren Wänden in Bohrvorrichtungen kommen eigentlich nur *Tischbohrwerke* in Betracht. Wenn solche Bohrvorrichtungen, wie es meistens der Fall ist, doppelte Werkzeugführungen haben, brauchen diese Bohrwerke nicht sonderlich genau zu sein, da sie meistens unter Benutzung von Pendelfuttern nur als Antrieb dienen und die Genauigkeit durch die Bohrvorrichtung gegeben ist. Sind Löcher von mehreren Seiten zu bohren, so leistet der schwenkbare Tisch des Bohrwerks dabei wertvolle Dienste.

Bild 109 zeigt eine solche Bohrvorrichtung, die nur auf einem Waagerechtbohrwerk verwendet werden kann. Sie dient zum Ausbohren, Senken, Reiben und Anflächen der großen bereits vorgegossenen Bolzenlöcher von Kreuzkopflagern für Großmotoren mittels Bohrstangen und Sonderwerkzeugen. Es soll nicht unerwähnt bleiben, daß sich solche Werkstücke auch vorteilhaft ohne Vorrichtungen auf einem Koordinatenbohrwerk bohren lassen, falls ein solches im Betrieb vorhanden ist. In diesem Fall müßten die Löcher allerdings innen frei gearbeitet werden, damit sie von beiden Seiten fliegend gesenkt und gerieben werden können.

46. Überprüfung der für Bohrspannvorrichtungen einzusetzenden Werkzeugmaschinen. Wenn besondere Genauigkeiten verlangt werden, was eigentlich nur für Bohrvorrichtungen nach Abschn. 44a zutrifft, müssen die dafür vorgesehenen Maschinen überprüft werden.

So ist es vor allem sehr wichtig, den *Hohlkegel der Bohrspindel* für die Aufnahme des Werkzeugkegels auf seine einwandfreie Beschaffenheit und Fluchtung zu überprüfen. Ferner sind angestoßene Stellen nachzuarbeiten und gelegentlich muß immer wieder die genaue Lage des

Hohlkegels mittels Sonderlehrdorn geprüft werden. Ist der Hohlkegel ausgeleiert oder fluchtet er nicht mehr, so muß er mit einer entsprechenden Kegelreibahle, die in einer am Außenumfang der Bohrspindel aufgeklemmten Buchse mittig zu führen ist, nachgerieben werden. Die meisten derartigen Fehler können aber vermieden werden, wenn man die in Abschn. 47 gegebenen Winke berücksichtigt. Die verwendeten *Bohrtische* müssen sich stets in einem einwandfreien

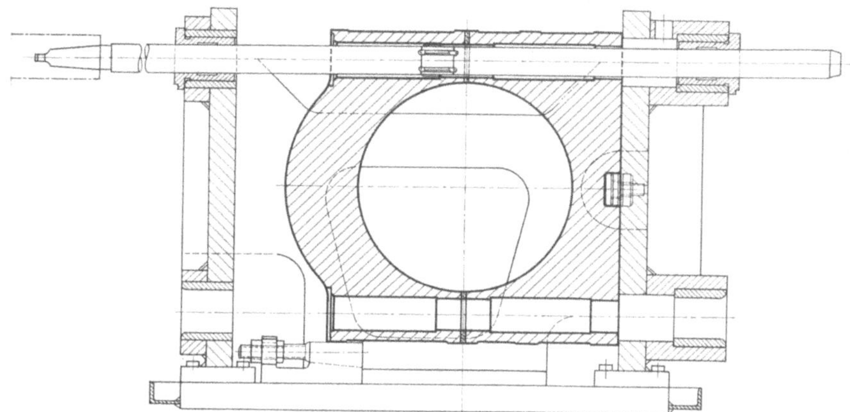

Bild 109. Bohrvorrichtung mit Sonderbohrstangen nach Bild 131 auf einem Bohrwerk

Zustand befinden und dürfen keine Anbohrstellen, keine angestoßenen Stellen und auch keinen Grat aufweisen. Andernfalls müssen sie übergehobelt werden. Vor der Aufnahme genauer Bohrarbeiten muß die einwandfreie Lagerung der *Bohrspindel* überholt und die senkrechte Lage der Maschinenspindel zum Bohrtisch, etwa wie es in Bild 110 dargestellt ist, geprüft werden. Hier wird mit einer an der Bohrspindel befestigten Meßuhr der Tisch im Kreise herum abgetastet. Bei *Radialbohrmaschinen* muß die Richtung der Bohrspindel zum Maschinentisch bei verschiedenen Stellungen des Spindelschlittens (s. Bild 107) geprüft werden, da es sehr leicht vorkommt, daß sie durch Differenzen an der Gleitbahn des Schwenkarmes in den verschiedenen Stellungen des Schlittens verschieden ist. Durch Nachschaben der Schlittenführung kann die Abweichung dann aber beseitigt werden. *Schwenkbare Bohrwerkstische* sollten vor der Aufnahme genauer Arbeiten in der in Bild 62, Abschn. 25, gezeigten Weise überprüft werden.

47. Fehler beim Ausbau und Wechseln der Werkzeuge. Durch das vielfach noch übliche Heraustreiben der Werkzeuge oder Bohrstangen mit Morse- oder metrischen Kegeln mittels Keiltreiber wird die Arbeitsspindel sehr leicht beschädigt, was mit der Zeit zu schweren Fluchtfehlern führen kann. Es ist daher zweckmäßig, wie es neuerdings vielfach der Fall ist, einerseits nitrierte Arbeitsspindeln zu verwenden, andererseits aber durch die Anwendung besonderer Auswerfer Beschädigungen zu vermeiden und damit die Arbeitsgenauigkeit zu erhalten.

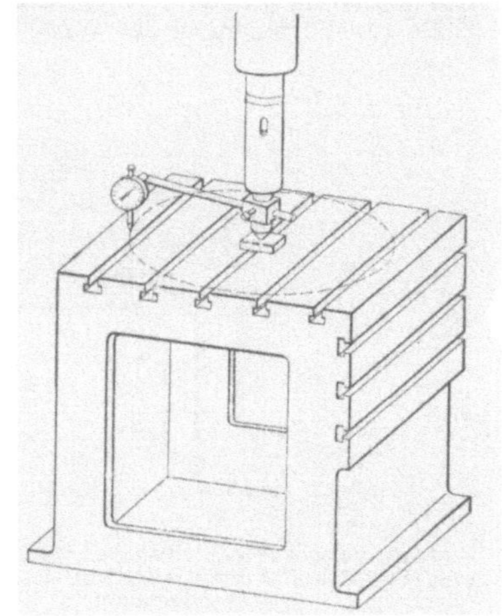

Bild 110. Prüfung der genau senkrechten Lage der Bohrmaschinenspindel zum Maschinentisch durch Meßuhr

Mit dem in Bild 111 wiedergegebenen *Keilaustreiber* wird das Lösen von Werkzeugen mit kegeligen Schäften durch zwei gegeneinander verschiebbare Keilflächen bewirkt. Wie das Bild zeigt, ergibt sich durch Betätigen eines Hebels, wobei der Austreiber in der zuvor eingenommenen Endstellung im Schlitz festgehalten wird, ein Verschieben der Keile im gegenläufigen Sinne, so daß das Werkzeug ausgetrieben wird. An den meisten neuzeitlichen Bohrwerken sind heutzutage schon besondere *Werkzeugauswerfer* vorgesehen, wobei jeder Maschinenhersteller sein eigenes Prinzip anwendet.

48. Fehler beim Aufspannen der Vorrichtungen und der Werkstücke. Beim Aufspannen der reinen Spannvorrichtungen auf dem Maschinentisch muß bisweilen der Verlauf der Schnitt- und Spannkräfte zueinander beachtet werden, der maßgebend sein kann für die richtige Arbeitsleistung der Maschine. Bei manchen Vorrichtungen wird es wegen der Form der Werkstücke nicht zu vermeiden sein,

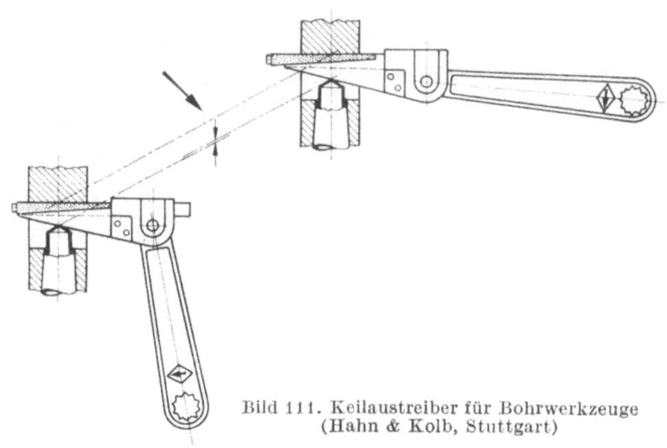

Bild 111. Keilaustreiber für Bohrwerkzeuge
(Hahn & Kolb, Stuttgart)

daß sowohl diese wie auch die Vorrichtungen unter der Schnittkraft etwas ausweichen (durchfedern).

Diese Durchfederung kann für die Leistung der Maschine sehr nachteilig sein, wenn nämlich die Schnittkräfte in falscher Richtung verlaufen, während sie bei umgekehrter Richtung der Kräfte durchaus belanglos oder sogar nützlich zur Erzielung einer sauberen Arbeit sein können.

An einem einfachen kennzeichnenden Beispiel, einer *Spannvorrichtung zum Hobeln,* soll das näher erläutert werden. In Bild 112 ist die Vorrichtung so aufgespannt, daß die Schnittkraft gegen die Aufspannfläche der Vorrichtung gerichtet ist. Das ist in diesem Falle aus folgenden Gründen falsch: unter der Schnittkraft W federn sowohl Werkstück wie Vorrichtung in Richtung des Kreisbogens a nach oben durch, wie es die gestrichelte Linie andeutet. Dadurch nähert sich das Werkstück so dem Schneidmeißel, daß dieser fortgesetzt einhaken muß, was sich durch große Erschütterungen der Maschine bemerkbar macht. Außerdem wird die Arbeitsfläche da-

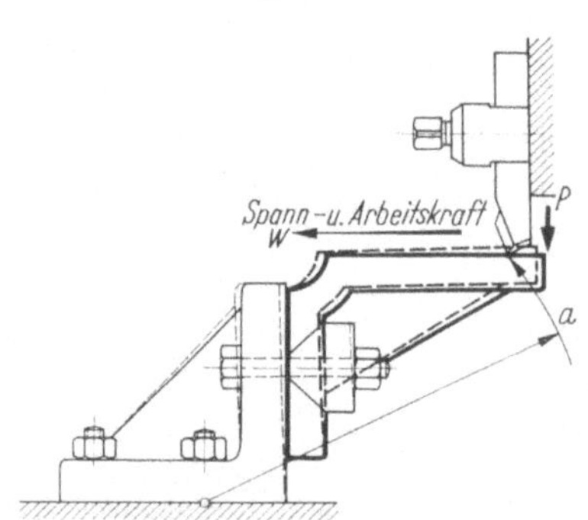

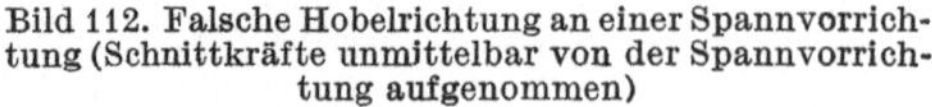

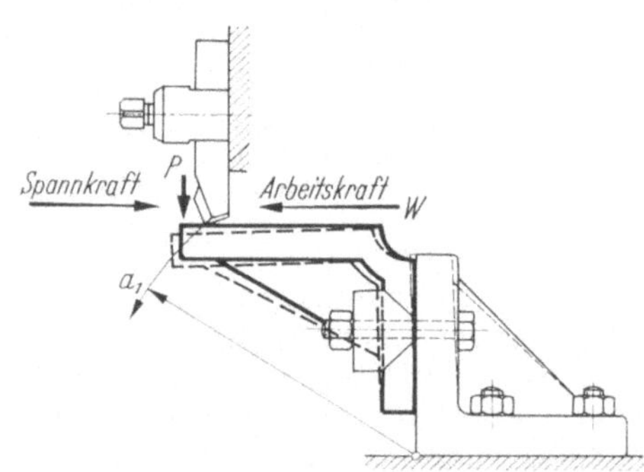

Bild 112. Falsche Hobelrichtung an einer Spannvorrichtung (Schnittkräfte unmittelbar von der Spannvorrichtung aufgenommen)

Bild 113. Richtige Hobelrichtung an einer Spannvorrichtung (Schnittkräfte von den Spannschrauben aufgenommen)

durch auch recht unsauber. Die gleichfalls auftretende weit schwächere Teilkraft P kann das Hochfedern keinesfalls verhindern. In Bild 113 ist die Vorrichtung in umgekehrter Richtung aufgespannt. Das ist richtig, denn die Erschütterungen der Maschine werden bei der gleichen Schnittleistung sofort aufhören. Zu erklären ist es damit, daß das Werkstück unter dem Schnittdruck in Richtung des Kreisbogens a_1 wegfedert und sich von dem Schneidstahl entfernt, der dadurch schleppend und ruhig arbeitet. Die Durchfederung ist natürlich nur sehr gering, beim letzten Schlichtspan kaum noch ausmeßbar und daher belanglos für die Genauigkeit. Beim Fräsen verhält es sich ähnlich.

Beim *Aufspannen der Bohrspannvorrichtungen* auf dem Werkzeugmaschinentisch muß darauf geachtet werden, daß sie an den richtigen Stellen so fest aufgespannt werden, daß sie sich beim Festspannen der Werkstücke nicht verziehen und dadurch die Bohrungen ihre vorbestimmte Richtung verlieren.

Würde z. B. die Grundplatte der verhältnismäßig langen in den Bildern 8 bis 10 gezeigten Bohrvorrichtung für Motorentreibstangen nur an den beiden Enden mittels Schrauben oder Spanneisen auf dem Maschinentisch festgespannt, so würde sich die Grundplatte beim Festspannen des Werkstückes (mit der starken Spannschraube gegen den runden Kopf desselben) in der Mitte nach oben durchbiegen, wodurch die Werkzeugführungen *c*, *d*, *e*, *f* sich schief stellen und entsprechend schiefe Bohrungen entstehen würden. Es ist also notwendig, die Grundplatte der Vorrichtung entlang der ganzen Länge auf dem Maschinentisch mit Schrauben festzuspannen.

Beim *Einspannen der Werkstücke* selbst können endlich auch noch die Spannelemente überbeansprucht und somit die Werkstücke verspannt werden, wie es tatsächlich auch manchmal geschieht. Das ist darauf zurückzuführen, daß die Arbeiter mit den Funktionen der Sonderspannvorrichtungen nicht immer vertraut sind und ebensolche Kräfte anwenden wie beim Spannen mit behelfsmäßigen und Gemeinspannmitteln. Um solche Fehler zu vermeiden, muß darauf geachtet werden, daß keine anderen Spannschlüssel oder gar Verlängerungen beim Spannen verwendet werden, als sie für die Vorrichtung vorgesehen sind.

B. Praktische Winke für wirtschaftliches Arbeiten mit Bohrspannvorrichtungen

Die Kippbohrspannvorrichtungen gehören zum Teil zu den weniger praktischen Vorrichtungen, denn ihre Bedienung erfordert einen weit höheren Grad von Aufmerksamkeit und Überlegung als für andere Vorrichtungen. Es können sehr leicht Fehler gemacht werden, die bei den Standbohrspannvorrichtungen unmöglich sind. Das liegt an der unvermeidlichen Beweglichkeit der Vorrichtungen. Von der Größe und von dem Gewicht, auch von der Eignung der Werkzeugmaschine hängt es ab, bis zu welchem Grade man Fehler vermeiden oder verkleinern und den Betrieb praktischer gestalten kann.

49. Arbeiten mit kleinen Bohrspannvorrichtungen an mehreren Spindeln. Sofern ganz allgemein beim Bohren mit Vorrichtungen mit mehreren verschiedenartigen Werkzeugen gearbeitet werden muß, entstehen durch den fortwährenden Werkzeugwechsel zeitraubende Nebenarbeiten. Durch Verwendung von Schnellwechselfuttern lassen sie sich bekanntlich abkürzen. Sind jedoch an einem Werkstück durchweg nur kleinere Löcher zu bohren, von denen jedes nur wenige Sekunden erfordert, so ist jeder Wechsel von Werkzeugen, auch wenn er nur wenig Zeit beansprucht, unwirtschaftlich. Noch unwirtschaftlicher ist es, wenn außerdem auch noch die Umdrehungen der Maschinenspindel und endlich auch noch die Tischhöhe bzw. die Spindelhöhe verändert werden müssen. Die reinen Bohrzeiten stehen zu den Nebenzeiten dann in einem ungünstigen Verhältnis. Solche Bohrarbeiten führt man am wirtschaftlichsten auf *mehrspindligen Schnellbohrmaschinen* aus, die besonders für solche Zwecke in den Handel gebracht werden. Für jeden Arbeitsgang bzw. für jedes Werkzeug muß eine Spindel zur Verfügung stehen, die man unabhängig von den anderen auf die richtige Umdrehungszahl und Arbeitshöhe einstellen kann.

Wenn die Spindelzahl der Maschinen nicht ausreicht, so kann man auch mehrere Maschinen aneinanderstellen und ihre Verwendungsmöglichkeit somit fast unbegrenzt erhöhen. Dieses Arbeitsverfahren bietet auch noch einen anderen Vorteil: sofern zu einer Bohrung Buchsen erforderlich sind, kann man das Auswechseln von Hand ersparen, indem man die Buchsen durch besondere Halter an den Maschinenspindeln anbringt[1].

---

[1] Siehe Werkstattbücher Heft 33, MAURI, H.: Vorrichtungsbau I, 9. Aufl. 1969.

Ein Beispiel dafür ist in Bild 114 dargestellt. An dem in der Vorrichtung a eingespannten Werkstück (viermal in verschiedenen Stellungen dargestellt) sind vier verschiedene Arbeitsstufen vorzunehmen. Die vier dazu erforderlichen Werkzeuge, zwei Spiralbohrer, eine Reibahle und ein Gewindebohrer sind in den Spindeln I bis IV untergebracht. An den Spindeln I und III sind die Bohrbuchsenhalter b_1 und b_2 mit den Bohrbuchsen c_1 und c_2 befestigt. Gearbeitet wird wie folgt: unter Spindel I werden zunächst alle gleich großen Löcher gebohrt. Nach einer Verschiebung der Vorrichtung unter die Spindel II werden die Löcher gerieben. Unter Spindel III wird ein Gewindekernloch gebohrt und unter der Spindel IV Gewinde geschnitten.

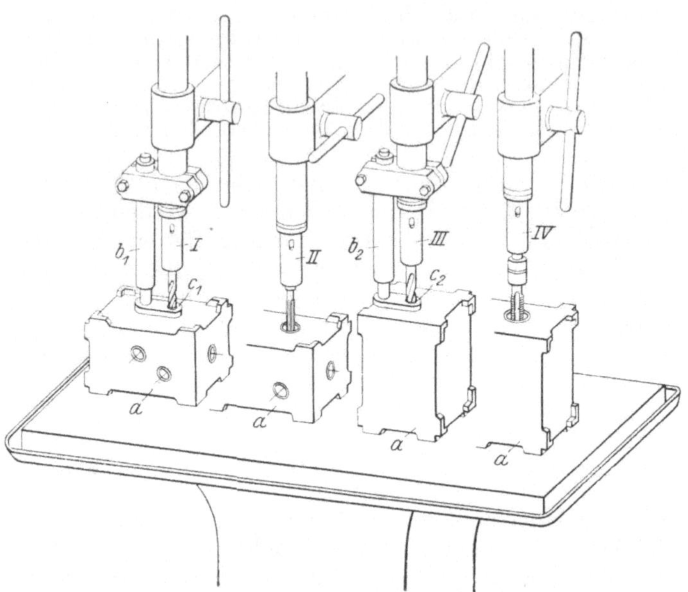

Bild 114. Darstellung des Arbeitens mit einer Kippbohrspannvorrichtung an einer Mehrspindelbohrmaschine mit Bohrbuchsenhaltern

50. Arbeiten mit schweren Kippbohrspannvorrichtungen.

Kleinere Kippbohrspannvorrichtungen werden beim Bohren ohne weiteres von Hand festgehalten; sie können sich daher selbsttätig zum Werkzeug einfluchten. Anders verhält es sich mit den schwereren Kippbohrspannvorrichtungen. Sind damit verhältnismäßig große Löcher zu bohren, aufzureiben oder mit Gewinde zu versehen, so wird das Drehmoment so groß, daß die Vorrichtung auf irgendeine Art festgehalten werden muß, um Unfälle und Werkzeugbrüche zu vermeiden. Die Vorrichtungen werden nun auf die verschiedensten Arten festgehalten, oft aber so unzweckmäßig, daß Bearbeitungsfehler entstehen und zuviel Zeit benötigt wird.

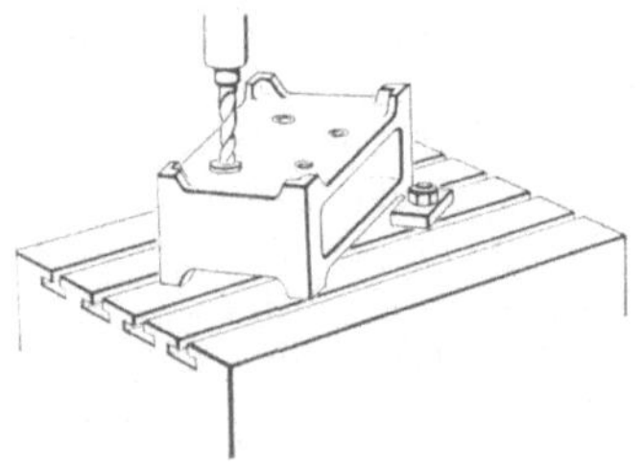

Bild 115. Falsch festgehaltene Kippbohrspannvorrichtung beim Bohren

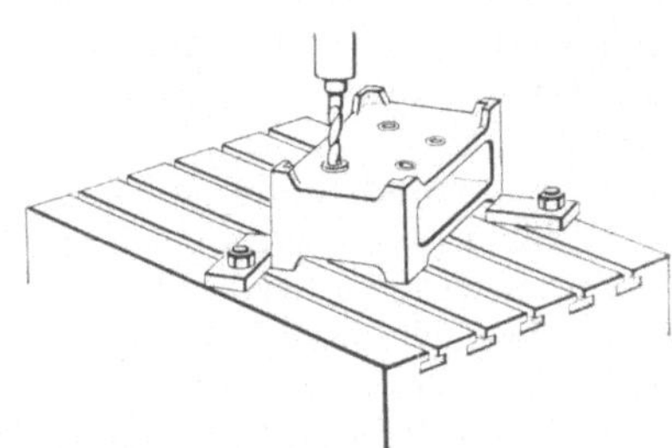

Bild 116. Richtig festgehaltene Kippbohrspannvorrichtung beim Bohren

Bild 115 zeigt zunächst, wie eine Vorrichtung nur durch einen Anschlag festgehalten wird. Das ist falsch, denn es entsteht dann eine Seitenkraft, die den Bohrer, wie in dem Bild übertrieben dargestellt ist, wegbiegt. Das Loch wird schief trotz einwandfreier Vorrichtung und gerader Tischauflage. Außerdem kann der Bohrer brechen. Die Vorrichtungen werden recht gerne auf diese Art festgehalten, weil es einfach ist, da der Anschlag in jedem Falle paßt und nicht besonders eingestellt werden muß. Richtig werden die Vorrichtungen festgehalten, wenn, wie in Bild 116, zwei Anschläge gegen zwei Ecken der Vorrichtungen gespannt werden. Auf den Bohrer wirkende Seitenkräfte können nicht mehr auftreten. Unpraktisch und nicht ganz einwandfrei ist es, die Vorrichtungen, wie in Bild 117, durch Spanneisen und Schrauben festzuspannen, denn es dauert ebenfalls zu lange, außerdem kann auch die Vorrichtung durchgespannt werden. Praktischer und einwandfreier ist es bereits, die Vorrichtung wie in Bild 118 festzuhalten. Das kann jedoch nur bei wenigen ganz bestimmten Arten von Vorrichtungen geschehen, wenn, wie im Beispiel, die zu bohrenden Löcher von einer Vorrichtungskante gleich weit entfernt sind. Die Vorrichtung wird zwischen zwei fest aufgespannten Schienen hin und her geschoben und kann daher in dieser Weise auch an Ständerbohrmaschinen verwendet werden.

Man kann auch wie in Bild 119 verfahren: Eine

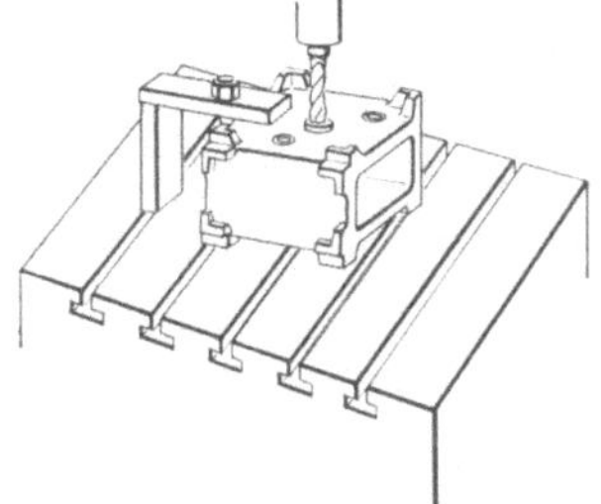

Bild 117. Schlecht festgehaltene Kippbohrspannvorrichtung beim Bohren

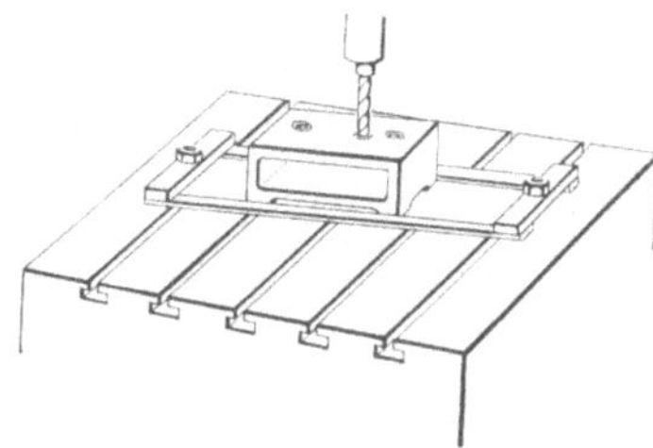

Bild 118. Praktisches Festhalten einer Kippbohrspannvorrichtung durch zwei auf der Maschine aufgespannte Schienen

Nut des Tisches ist mit der Führungsleiste a, der Vorrichtungskörper selbst mit einer entsprechenden Nut versehen. Soll in dieser Weise auf einer Ständerbohrmaschine gebohrt werden, falls die Löcher jeweils auf geraden Linien parallel zu den Vorrichtungskanten liegen, so ist am Vorrichtungskörper eine zweite Nut b vorzusehen. Es müssen sich dann die Lochreihen jeweils mit den Nuten decken. Durch Verschieben der Vorrichtung auf der Führungsleiste kann man die Vorrichtung in die gewünschten Arbeitsstellungen bringen mit der Gewähr, daß Werkzeug und Werkzeugführung genau miteinander fluchten. Besonders gut zum Festhalten der Kippvorrichtung ist die Hilfseinrichtung Bild 120 geeignet. Sie besteht aus der Platte a, die auf einer Radialbohrmaschine festgespannt wird, und den Anschlagleisten b_1 und b_2. Zwischen diesen Leisten kann die Vorrichtung nicht nur in der gezeichneten, sondern auch in beliebiger anderer Wendestellung verschoben werden. Es ist dabei nicht erforderlich, daß sie in jeder

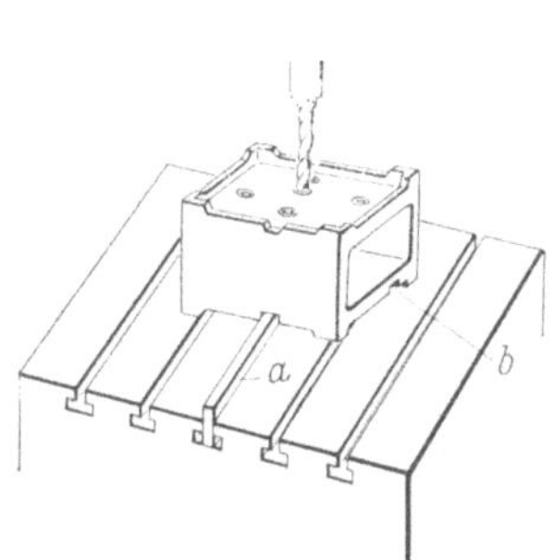

Bild 119. Praktisches Festhalten einer Kippbohrspannvorrichtung durch eine Führungsschiene

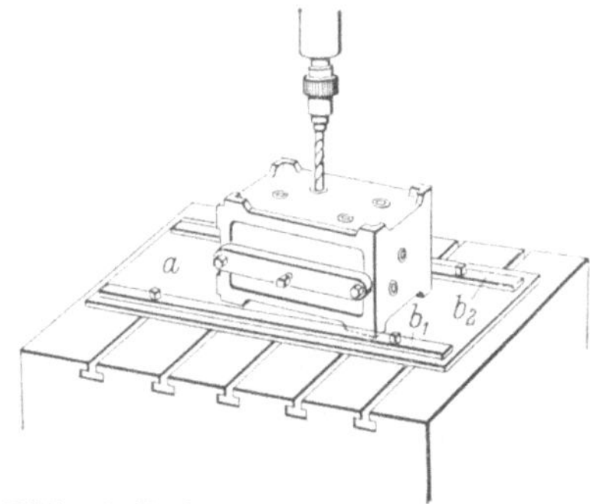

Bild 120. Praktisches Festhalten einer Kippbohrspannvorrichtung durch eine auf dem Maschinentisch befestigte Führungsplatte

Stellung den Zwischenraum zwischen den Leisten ausfüllt, sondern es genügt, wenn nur die Ecken anliegen. Die Auflagerechtecke der Vorrichtung können also verschiedener Breite sein. Der Spindelschlitten der Radialbohrmaschine muß nach dem jeweiligen Ausfluchten der Bohrspindel auf die Werkzeugführung zum Bohren durch die Klemmschrauben festgezogen werden. Diese Vorrichtung kann auch auf Ständerbohrmaschinen gebraucht werden.

Beim Bohren verhältnismäßig großer Löcher, besonders beim Aufreiben, wird bei der Aufwärtsbewegung des Werkzeuges das Werkstück zusammen mit der Vorrichtung angehoben. Das ist in zweifacher Hinsicht schädlich, denn einmal werden die Werkzeuge beschädigt und dann setzen sich Späne unter die Auflageflächen der Vorrichtung, die zuerst wieder beseitigt werden müssen, wenn noch weitere Löcher zu bohren sind. In solchen Fällen ist es erforderlich, daß die Vorrichtungen nicht nur gegen das Verdrehen, sondern auch gegen das *Anheben* gesichert werden. Man spannt sie dann meistens in der in Bild 117 gezeigten ungeeigneten Weise fest.

Bild 121 zeigt zunächst eine praktische Einrichtung zum Festhalten einer Vorrichtung, mit der zwei oder mehr in gerader Reihe liegende Löcher zu bohren sind. Die auf dem Maschinentisch befestigte Grundplatte ist mittlängs mit einer T-Nut versehen, die bei a_1 so weit frei gearbeitet ist, daß man die Vorrichtung mit den daran vorgesehenen T-Knaggen b_1 und b_2 bzw. b_3 und b_4 in die Nut der Grundplatte hineinkanten und in die verschiedenen Arbeitsstellungen schieben kann. In diesen Stellungen kann die Vorrichtung durch das arbeitende Werkzeug weder verdreht noch angehoben werden. Wie ersichtlich, weicht die äußere Form der Kippbohrspannvorrichtung von der sonst üblichen infolge der T-Knaggen etwas ab, was schon bei der Konstruktion der Vorrichtung zu berücksichtigen ist.

In Bild 122 ist ein Verfahren dargestellt, das dem bereits in Bild 120 gezeigten ähnlich ist, nur mit dem Unterschied, daß auch das Anheben der Kippvorrichtung verhindert wird. Die Grundplatte a ist auf dem Tisch einer Radialbohrmaschine festgespannt. Die auf a befestigten Anschlagleisten b_1 und b_2 sind abgesetzt, so daß die mit Einschnitten versehenen Füße c_1 und c_2 der Vorrichtung bei einer Verdrehung nach rechts unter die Leisten unterhaken und verhindern, daß die Vorrichtung angehoben wird. Hier ebenso wie bei allen anderen Verfahren nach den Bildern 118 bis 121 sind Fehler beim Bohren durch ungenaues Ausfluchten kaum noch möglich, denn die Werkzeuge drücken die Vorrichtung mit geringer Unterstützung von Hand in die richtige Lage.

51. Arbeiten mit Vorrichtungen an Schwenkböcken. Wenn die Löcher an einem Werkstück so angeordnet sind, daß sie sich alle durch Drehen der Vorrichtung um nur eine Achse bohren lassen, dann läßt sich ein Schwenkbock wie Bild 123 außerordentlich vorteilhaft anwenden[1]. Das Drehen der Vorrichtung erfordert dann viel weniger Kraft und Zeit, als man für das Umdrehen einer schweren Kippvorrichtung aufwenden müßte. Hierzu kommt, daß sie eine viel einfachere Ausführung der Vorrichtungen gestattet, und man meistens auf die kastenartige Ausbildung verzichten kann; hierdurch ist das Werkstück viel zugänglicher und wird der Kampf mit den Spänen vermieden. Ein bemer-

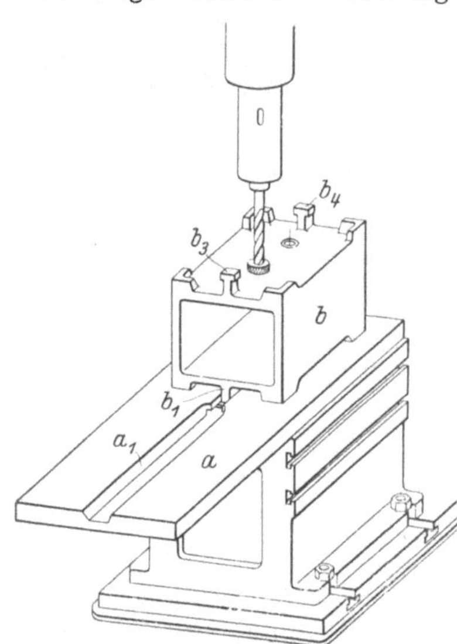

Bild 121. Gegen Verdrehen und Anheben gesicherte Kippbohrspannvorrichtung

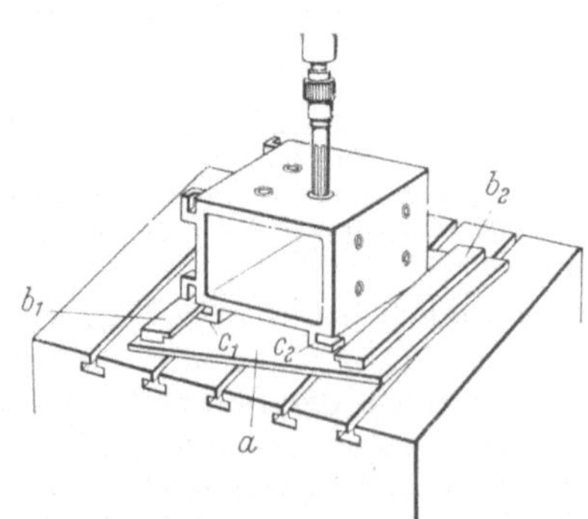

Bild 122. Gegen Verdrehen und Anheben gesicherte Kippbohrspannvorrichtung

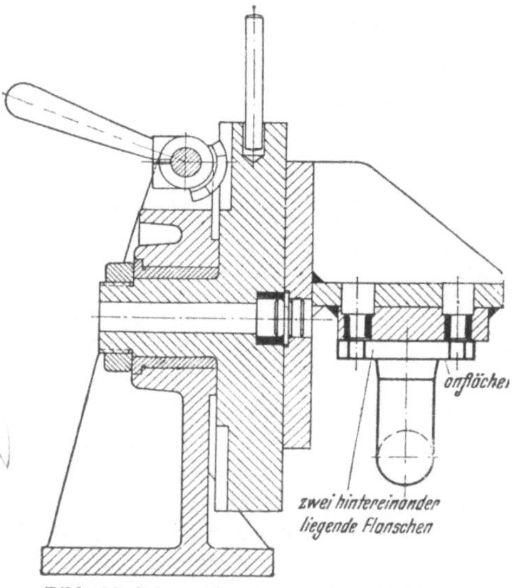

Bild 123. Schwenkbock mit Bohrvorrichtung

[1] Siehe Werkstattbücher Heft 35, MAURI, H.: Vorrichtungsbau II, 7. Aufl. 1968.

kenswerter Vorteil ist ferner, daß Anflächarbeiten sich mühelos ausführen lassen, weil man sie von jeder beliebigen Seite ausführen kann.

52. Arbeiten mit einer Vorrichtung an mehreren Werkzeugmaschinen. Das Bohren von Werkstücken mit sehr verschieden großen Löchern unterteilt man, wenn es möglich ist, in zwei oder mehr Arbeitsgänge mit besonderen Vorrichtungen. Oft läßt es sich aber aus irgendeinem Grunde nicht durchführen, und man ist gezwungen, in einer Vorrichtung sowohl die großen als auch die kleinen Löcher zu bohren. Für diesen Zweck werden wohl mehrspindelige Maschinen hergestellt, die neben dem Antrieb für große Bohrer auch einen für kleine haben, so daß man ohne weiteres hintereinander die unterschiedlichen Löcher bohren kann. Steht jedoch solche Maschine nicht zur Verfügung, so kann man dasselbe erreichen, wenn man eine schwere Maschine und eine leichte Schnellbohrmaschine dicht nebeneinander setzt. Beide Maschinen überbrückt man dann durch eine Gleit- oder Rollbahn, damit man die Vorrichtung schnell und leicht von einer Maschine zur anderen bewegen kann.

53. Ausbohren sehr langer Bohrungen auf dem Waagerechtbohrwerk mit Bohrstangen. Sind, wie in Bild 109 angedeutet, sehr lange Bohrungen mit doppelt geführten Bohrstangen aufzusenken, zu reiben und anzuflächen, so kann die Güte der Oberflächen leicht durch Durchbiegungen, Verdrehungen und Schwingungen der Bohrstangen beeinträchtigt werden. Daher müssen diese aus einem hochfesten Werkstoff und so stark wie nur irgend möglich gefertigt werden. Bei der Verwendung der han-

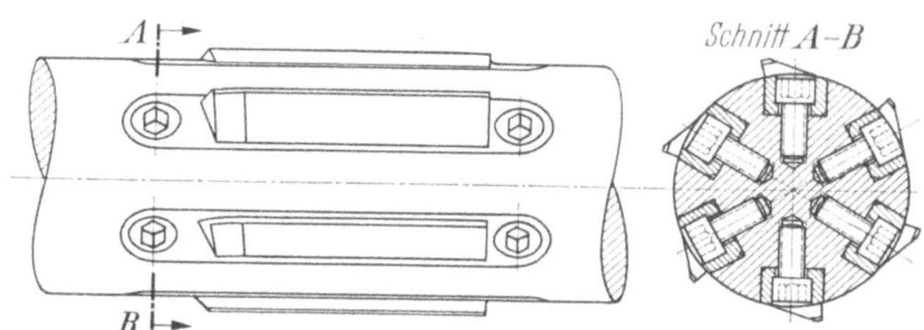

Bild 124. Durch eingelegte Schneidmesser (anstatt Aufsteckwerkzeuge) kräftiger ausgeführte Bohrstange. Anwendung siehe Bild 109

delsüblichen Werkzeuge, wie Aufstecksenker und -reibahlen, sind aber der Bemessung der Bohrstangen durch die Bohrungen dieser Werkzeuge Grenzen gesetzt. Um nun doch verhältnismäßig starke Querschnitte für solche Bohrstangen zu erhalten, ist es manchmal notwendig, Sonderwerkzeuge, wie in Bild 124 gezeigt, anzufertigen und zum Senken und Reiben Spezialmesser in entsprechend eingearbeiteten Nuten der Bohrstangen zu befestigen.

54. Werkzeugwechsel beim Arbeiten mit Bohrspannvorrichtungen. Ganz allgemein beansprucht das Auswechseln der Werkzeuge einen großen, wenn nicht den größten Teil der Nebenzeiten. Beim Arbeiten mit Bohrspannvorrichtungen wird oft eine so große Anzahl verschiedenartiger Werkzeuge gebraucht, daß schon ganz geringe Erleichterungen beim Auswechseln der einzelnen Werkzeuge merkliche Zeitersparnis bringen müssen.

a) Erleichterungen beim Auswechseln kleinerer Werkzeuge. Die kleineren Werkzeuge werden in einem besonderen Ordnungskasten in die Werkstatt gegeben, den der Arbeiter möglichst in der Nähe seiner Arbeitsstelle hinstellt. Die dafür vorgesehenen Ablegetische sind meistens aber so unzweckmäßig, daß der Arbeiter beim jedesmaligen Werkzeugwechsel seinen Standort verändern muß. Man kann daher häufig beobachten, daß die Werkzeuge aus dem Kasten herausgenommen und neben die Vorrichtung auf den Maschinentisch gelegt werden. Zu ihrer Schonung darf das jedoch keinesfalls geduldet werden. Um nun einerseits zu verhindern, daß die Werkzeuge entgegen der Vorschrift blindlings durcheinander auf den Maschinentisch gelegt und beschädigt werden, andererseits aber doch zu erreichen, daß der Werkzeugwechsel beschleunigt wird, ist es sehr zweckmäßig, an den Maschinen *besondere*

Halter für die Werkzeugordnungskästen in griffbereiter Nähe der Maschine und Vorrichtungen anzubringen.

b) Erleichterungen beim Auswechseln schwerer unhandlicher Werkzeuge. Beim Bearbeiten schwerer Werkstücke müssen häufig weit schwerere Werkzeuge ausgewechselt werden, als es bei den gleichen Werkstücken ohne Vorrichtungen erforderlich wäre. Das ist besonders der Fall bei der Herstellung langer abgestufter Bohrungen, wobei sich mit größtem Vorteil Vielstahlstangen verwenden lassen. Um eine Bohrung damit herstellen zu können,

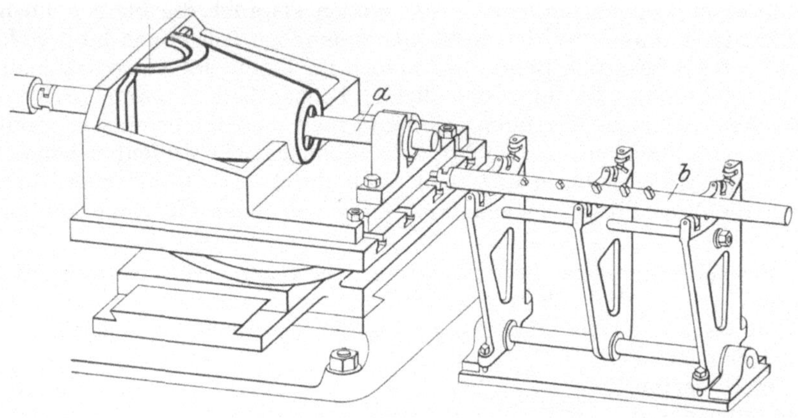

Bild 125. Schwenkbarer Doppelhalter für zwei Vielstahlbohrstangen an einem Bohrwerk

müssen mindestens zwei Stangen (je eine zum Schruppen und Schlichten) ausgewechselt werden, die um so schwerer und unhandlicher sind, je größer das Werkstück ist, während beim Arbeiten ohne Vorrichtung nur die leichten Schneidmeißel auszuwechseln sind. Das Arbeiten mit Vorrichtungen bedeutet in solchen Fällen also eine wesentliche körperliche Mehrbelastung. Das Auswechseln der Stangen kann auch so lange dauern, daß die durch die Vielstahlstangen erzielten großen Zeitersparnisse (infolge Fortfalls der Nebenzeiten für das Einstellen und Messen) wieder aufgehoben werden. Man muß daher Mittel und Wege suchen, um sie spielend leicht und schnell auswechseln zu können und dadurch überhaupt erst die *Wirtschaftlichkeit* der meist sehr teueren Vielstahlstangen zu ermöglichen.

Ein Beispiel für eine praktische Lösung ist in Bild 125 dargestellt. Die Vielstahlstangen *a* und *b* werden abwechselnd benutzt, um eine vielstufige Bohrung eines Motorgehäuses herzustellen. Die Stangenführung der Bohrspannvorrichtung ist so eingerichtet, daß die Stangen trotz der hervorstehenden Schneidmeißel nach rückwärts herausgezogen werden können. Vor dem Bohrwerk ist ein schwenkbarer Doppelstangenhalter so aufgestellt, daß man jede der beiden auf ihm ruhenden Stangen durch Schwenken des Ständers abwechselnd auf die Stangenführungen einfluchten und in Arbeitsstellung bringen kann. Da die Stangen auf dem Ständer auf Rollen ruhen, lassen sie sich trotz erheblichen Gewichtes spielend leicht in die Arbeitsstellung bringen. Mit der Maschine werden die Stangen durch Ausgleichskupplung und Bajonettverschluß verbunden (Bild 97).

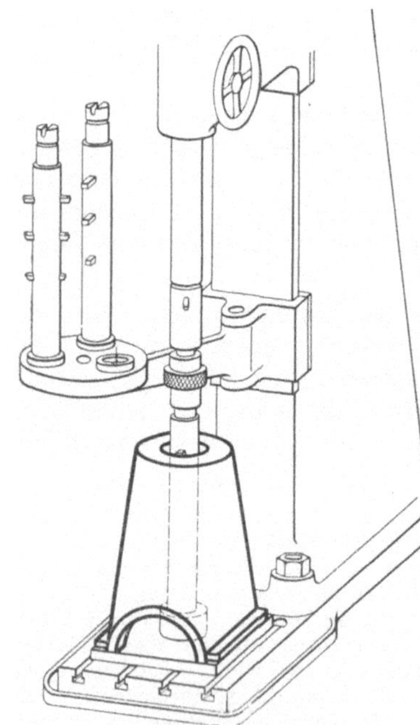

Bild 126. Schwenkbarer Halter für Vielstahlstangen an einer Ständerbohrmaschine

An *Senkrechtbohrwerken* müssen ebenfalls Abfangvorrichtungen geschaffen werden, sofern die Werkzeuge so schwer werden, daß sie von einem Mann allein nicht mehr bequem gehoben werden können.

Ein Beispiel dafür zeigt Bild 126. In diesem Falle wird mit drei Vielstahlstangen gearbeitet (zwei zum Schruppen und eine zum Schlichten). Die Vorrichtung besteht aus dem am Maschinenständer angelenkten Ausleger, der bei angehobener Bohrspindel mit der Aufnahmeplatte unter die Bohrstange geschwenkt werden kann. Nach Lösung der Verbindung zwischen Bohrstange und Bohrspindel kann man die Bohrstange durch die Aufnahmeplatte abfangen und fortschwenken und dann gleichzeitig eine andere in Arbeitsstellung bringen.

C. Praktische Winke für Leistungssteigerung

Muß bei der Vielfertigung infolge sich steigernden Absatzes das Fabrikationsprogramm erhöht werden, ohne daß zunächst der Maschinenpark und die Räumlichkeiten erweitert werden können, so liegt es nahe, Überstunden oder Doppelschichten machen zu lassen, ohne die Leistung der Fertigungsmittel selbst zu steigern. Das ist jedoch nicht richtig, denn abgesehen von den Überstunden, die sich von selbst verbieten, steigern sich mit der Einlegung von Doppelschichten auch in der Regel die Werksunkosten, so daß das Erzeugnis anstatt weiter verbilligt eher verteuert wird. Eine *Verbilligung* ist nur dadurch möglich, daß man die vorhandenen Fertigungsmittel leistungsfähiger gestaltet, indem man die Vorrichtungen sinngemäß ausbaut oder ergänzt, um hauptsächlich die Nebenzeiten zu verringern oder auch fast ganz zu beseitigen.

55. Steigerung der Leistung an Bohrmaschinen. An Bohrmaschinen kann man die Leistung oft ganz erheblich durch *Vielspindelköpfe* und durch Änderung oder Vermehrung der Vorrichtungen steigern, bisweilen sogar vervielfachen, denn die Durchzugskraft dieser Maschinen wird in den meisten Fällen bei weitem nicht voll ausgenutzt. In der gleichen Zeit, in der man ein Loch bohrt, kann man ebensogut zwei, drei und mehr Löcher bohren, sofern sie so günstig beieinanderliegen, daß

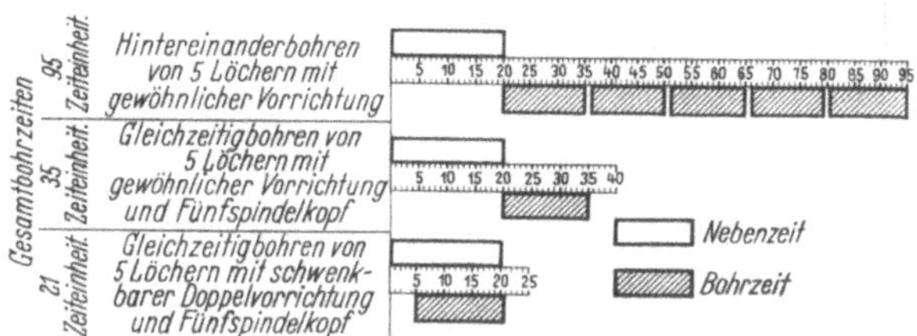

Bild 127. Zeichnerische Darstellung der Zeitersparnisse durch Verwendung von Vielspindelköpfen und Verbesserung der Vorrichtungen

die Konstruktion eines Mehrspindelkopfes keine Schwierigkeiten bereitet. Dadurch wird zunächst nur die reine Bohrzeit verkürzt. Da jedoch bisweilen die *Nebenzeiten* einen erheblichen Anteil an der Gesamtbohrzeit haben, so kann man, wenn man auch gleichzeitig die Nebenzeiten verkürzt, die Leistung noch weiter steigern. Das kann dadurch geschehen, daß man erstens, sofern es noch nicht vorgesehen ist, das *Einspannen* durch Hilfseinrichtungen, wie Zubringer, Preßlufthebezeuge u. dgl. beschleunigt, und zweitens dadurch, daß man das Einspannen zeitlich in die *Bohrzeit* verlegt. Wie aus der zeichnerischen Darstellung Bild 127 ersichtlich, kann man dadurch eine ganz erhebliche Mehrleistung der Maschine erzielen.

Um die Spannzeit in die Bohrzeit zu verlegen, gibt es *einen Weg*. Es wird noch eine *zweite Bohrspannvorrichtung* gleich der ersten hergestellt, und beide Vorrichtungen werden zusammen auf einem Schwenktisch befestigt, so daß man abwechselnd mit ganz kurzen Unterbrechungen für das Schwenken stetig in einer Vorrichtung bohren und in der anderen die Werkstücke ein- und ausspannen kann.

56. Steigerung der Leistung an Fräsmaschinen. Auch beim Fräsen kann man die Leistung ganz wesentlich dadurch erhöhen, daß man die Nebenzeiten in die Schnittzeit verlegt, also während des Fräsens eines Werkstückes gleichzeitig ein anderes aufspannt. Ist die Summe der Nebenzeiten ebenso groß wie die reine Schnittzeit, so wird die Leistung verdoppelt. Beim Planfräsen kann man nun dadurch die Leistung aufs höchste steigern, daß man eine Reihenrundbearbeitungsspannvorrichtung anfertigt, mit der es möglich ist, stetig zu fräsen[1]. Da eine derartige Vorrichtung aber eine große Anzahl von Spanneinheiten benötigt, so macht sie sich in der Regel nur bei fortlaufender Massenfertigung bezahlt. So ziemlich derselbe Erfolg wird bereits erzielt, wenn eine zweite Spannvorrichtung gleich der ersten angefertigt wird und beide auf einem Rundtisch gegenüberliegend aufgespannt werden. Nach dem Fräsen eines Werkstückes wird der Tisch, dessen Antriebsschnecke auslösbar sein muß, schnell bis zu dem inzwischen aufgespannten neuen Werkstück herumgeschwenkt. Ein Beispiel dafür zeigt Bild 128. Für den gleichen oder ähnlichen Zweck werden auch besondere Schwenktische in den Handel gebracht (Bild 129).

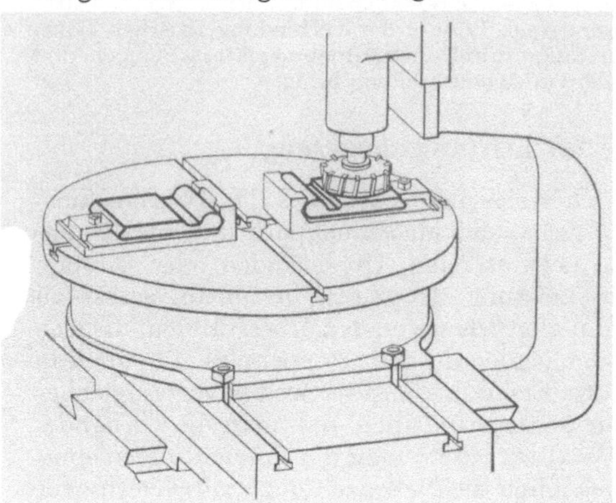

Bild 128. Fräsen mit zwei Vorrichtungen auf einem Rundtisch

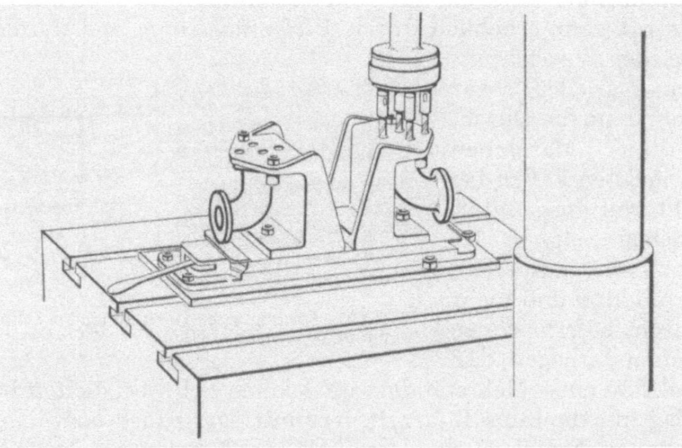

Bild 129. Bohren mit Vierspindelkopf an zwei Vorrichtungen auf einem Schwenktisch

V. Aufbewahrung und Instandhaltung der Vorrichtungen

Betriebe ohne ausgesprochene Vielfertigung bewahren die Vorrichtungen, die da und dort gelegentlich benutzt werden, so gut oder so schlecht es eben geht, in der Werkzeugausgabe auf oder dort, wo gerade Platz dafür ist. In der Regel legt man auch nicht mehr Wert auf Überwachung und Instandhaltung als bei gewöhnlichen Werkzeugen. Bei richtiger Vielfertigung jedoch, wo für die Bearbeitung jedes einzelnen Werkstückes allein schon mehrere Vorrichtungen erforderlich sind und eine Bearbeitung ohne Vorrichtungen kaum noch in Frage kommt, geht das nicht mehr. Es würde zu fortwährenden Stockungen und großer Unordnung führen. Die Aufbewahrung, Überwachung und Instandhaltung des Vorrichtungsparkes ist eine durchaus *betriebswichtige* Angelegenheit, die man auf eine besonders zweckmäßige und praktische Art regeln muß. Alle Mittel, die man dafür aufwendet, um die Vorrichtungen in steter Betriebsbereitschaft zu halten, machen sich vielfach wieder be-

[1] Siehe Werkstattbücher Heft 35, MAURI, H.: Vorrichtungsbau II, 7. Aufl. 1968, Bilder 10–13.

zahlt. Anderseits können dadurch, daß Vorrichtungen zu gegebener Zeit nicht gebrauchsfähig sind, Zeitversäumnisse entstehen, die nicht wieder einzuholen sind und schwere Einbußen zur Folge haben. Auch werden Vorrichtungen, die nicht richtig in Ordnung sind, die Leistungen der Maschinen verschlechtern, genau so als ob diese selbst nicht in Ordnung wären. Die nachfolgenden Ausführungen können nur ungefähr einen Anhalt dafür geben, wie Aufbewahrung und Instandhaltung durchgeführt werden können, denn die räumlichen Verhältnisse, Art der Vorrichtungen und ihre Empfindlichkeit müssen in jedem Einzelfalle mit berücksichtigt werden.

57. Kennzeichnung der Vorrichtungen. Die Vorrichtungen müssen zum Zweck der leichten Einordnung und Auffindung und zur Vermerkung auf den Werkstückzeichnungen und Arbeitsplänen mit Erkennungsmarken versehen sein, die zweckmäßig sowohl auf ihre Art und ihren Verwendungszweck als auch auf die Vorrichtungszeichnung hinweisen. Das heißt, daß die Nummern der Vorrichtung und der Vorrichtungszeichnung identisch sein sollten, was das Aufsuchen der Zeichnung für eine bestimmte Vorrichtung erleichtert. In der Tab. 8 sind einige derartige Erkennungsmarken für eine Vorrichtung und einige Sonderwerkzeuge in einem Arbeitsschema aufgeführt. Durch einen je nach Zugehörigkeit zu bestimmten Werkstückgruppen unterschiedlich gehaltenen Farbanstrich kann man leicht übersehen, wenn Vorrichtungen, die längere Zeit nicht gebraucht worden sind, in den Werkstätten herumliegen.

58. Aufbewahrung der Vorrichtungen. Am richtigsten erscheint es, alle Vorrichtungen, die keinen festen Standort haben, in einem Sammellager aufzubewahren, weil sie dort am übersichtlichsten zu ordnen und zu überwachen sind. Zu empfehlen ist das auch, wenn durchweg nur kleine Vorrichtungen in Frage kommen. Sind jedoch auch größere Vorrichtungen darunter, die schwerer zu befördern sind, so muß man aus praktischen Gründen bereits Ausnahmen machen und diese Vorrichtungen dort aufbewahren, wo sie am meisten benutzt werden, also in der Nähe einer Maschine oder Maschinengruppe. Ein bestimmter Platz muß jedoch dafür vorgesehen werden, damit die Übersichtlichkeit nicht verlorengeht. Sowohl diese wie die im Sammellager untergebrachten Vorrichtungen müssen von einem Fachmann verwaltet werden, der für die stetige Betriebsbereitschaft verantwortlich zu machen ist und zur besseren Übersicht eine Kartei zu führen hat.

59. Instandhaltung der Vorrichtungen. Die Vorrichtungen müssen bei der Ausgabe und Rücklieferung stets auf Betriebsbereitschaft überprüft, unbrauchbare instand gesetzt oder ersetzt werden. Es darf nicht vorkommen, daß bei Beginn einer neuen Arbeit unbrauchbare Vorrichtungen herausgegeben werden. Die getroffenen Vorbereitungen sind dann meist umsonst, und die Werkzeugmaschinen und die Arbeitsplätze müssen mit anderen Arbeiten belegt werden.

Zum Schutz gegen Ausbrechen der Schneiden sind die Sonderwerkzeuge mit Schutzhülsen zu versehen, und zwar auch dann, wenn sie in sog. Ordnungskästen aufbewahrt werden.

60. Ersatzteilbeschaffung. Für alle Teile an Vorrichtungen, die einem großen Verschleiß unterliegen und öfters erneuert werden müssen, sind Ersatzstücke vorrätig zu halten, damit während des Betriebes keine nennenswerten Unterbrechungen auftreten können. Besonders ist es dringend notwendig, alle Sonderschneidwerkzeuge in so großer Zahl auf Lager zu halten, daß man nicht auf das Schärfen warten muß. Alle Ersatzteile sind am zweckmäßigsten in einem abgesonderten Lager aufzubewahren, das mit der Werkzeugausgabe verbunden werden kann. Selbstverständlich ist jedes Stück so zu zeichnen, daß die Zugehörigkeit sofort erkennbar ist. Alle zerbrochenen, abgenutzten oder stumpfen Teile bzw. Schneidwerkzeuge werden in diesem Lager umgetauscht, das seinerseits im Vorrichtungsbau Ersatz bestellt.

Sachverzeichnis